高压大容量
柔性直流输电设备
检修指南

编辑委员会

主　　任　黄　巍

成　　员　林　匹　黄金魁　林　峰

编写人员

主　　编　黄金魁

副 主 编　林　峰

成　　员　陈跃飞　陈德兴　付胜宪　徐育福　许　泓

　　　　　张雯婧　胡文旺　王　剑　郭　铧

海峡出版发行集团｜福建科学技术出版社
THE STRAITS PUBLISHING & DISTRIBUTING GROUP | FUJIAN SCIENCE & TECHNOLOGY PUBLISHING HOUSE

图书在版编目（CIP）数据

高压大容量柔性直流输电设备检修指南 / 黄金魁主
编.—福州：福建科学技术出版社，2021.1
ISBN 978-7-5335-6059-1

Ⅰ.①高… Ⅱ.①黄… Ⅲ.①高压输电线路-直流输
电-输配电设备-电力系统运行-指南 Ⅳ.①TM726.1-62

中国版本图书馆CIP数据核字（2020）第012521号

书　　名　高压大容量柔性直流输电设备检修指南
主　　编　黄金魁
出版发行　福建科学技术出版社
社　　址　福州市东水路76号（邮编350001）
网　　址　www.fjstp.com
经　　销　福建新华发行（集团）有限责任公司
印　　刷　福州德安彩色印刷有限公司
开　　本　889毫米×1194毫米　1/16
印　　张　14.75
图　　文　236千字
版　　次　2021年1月第1版
印　　次　2021年1月第1次印刷
书　　号　ISBN 978-7-5335-6059-1
定　　价　188.00元

书中如有印装质量问题，可直接向本社调换

电网技术发展至今，输电技术主要有两种：一种是当前广泛应用的交流输电；另一种是直流输电，包括常规直流输电和柔性直流输电。柔性直流输电技术是目前电网技术领域最具革命性的代表之一，也是已经开始商业化应用的成熟技术。

柔性直流输电是一种以电压源换流器、自关断器件和脉冲宽度调制（PWM）技术为基础的新型输电技术，该输电技术具有可向无源网络供电、不会出现换相失败、运行方式变换灵活、换流站间无须通信以及易于构成多端直流系统等优点。柔性直流输电设备是构建智能电网的重要装备，与传统方式相比，柔性直流输电在孤岛供电、新能源接入、城市配电网增容改造等方面具有较强的技术优势，是改变大电网发展格局的战略选择。

福建省厦门柔性直流输电工程于 2015 年 12 月 17 日正式投入运行，投运时为世界上第一个采用真双极接线、电压等级和输送容量最高的柔性直流工程，可提供厦门岛 50% 的电力负荷。厦门柔直工程是继舟山柔直工程后，国内又一重大科技示范工程，通过持续自主创新和科技攻关，成功研制投运世界上首套 ±320kV/1000MW 柔性直流换流阀、首套真双极拓扑的百微秒级"三取二"控制保护系统，工程获评中国电力优质工程奖、国家优质投资项目特别奖。

长期以来，金门、马祖民众迫切希望大陆帮助解决用电紧缺困难，福建沿海地区向金门、马祖联网供电方案计划以柔性直流输电技术为主。

厦门柔性直流工程投运以来，积累了丰富的运行检修经验，为后期更高电压、更大容量的渝鄂背靠背柔直和张北四端柔直等重大工程在工程设计、设备制造、工程建设和运行维护方面提供了全方位的实践支撑，对远海大规模风电接入、大城市电网柔性互联提供了技术积累。

本书总结专家的工作经验，为这种新形式设备的检修工作提供参考。

不足之处，欢迎同行先进批评指正。

编者

2019.10

主编简介

　　黄金魁（1978.5—），华北电力大学电气工程及其自动化专业、计算机科学技术专业毕业，工学双学士，高级工程师，现从事电力系统工作，主要负责电力系统自动化、柔性直流输电、电网智能辅助监控等技术的研究与管理工作。

目录

第①章　换流阀及阀基控制系统

1.1　概述

　　换流阀是柔直工程中的核心设备，输电过程中的整流和逆变均通过换流阀完成。

　　在厦门柔性直流输电工程中，换流阀采用模块化、多电平结构，每个换流站共有 #1、#2 两极换流阀，每极换流阀由 18 座阀塔构成，每个阀塔分为 3 层结构，每层 4 个阀模块，每个阀模块包含 6 个子模块，全站两极共有 2592 个子模块。如图 1-1 所示，阀塔采用双联塔形式，12 点卧式绝缘子支撑，并联式水冷管路，子模块、阀模块、阀塔三级屏蔽设计。核心器件为 3300V/1500A 全控型 IGBT，是世界首套 1000MW/±320kV 柔性直流输电换流阀，通过了 KEMA 见证的全部型式试验。

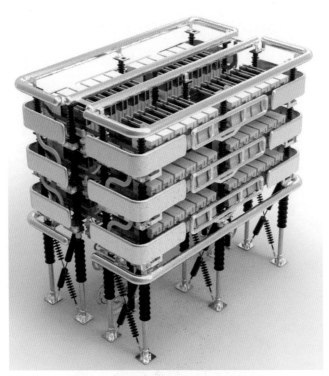

图 1-1　厦门柔直工程阀塔 3 维模型图

1.2 换流阀子模块

换流阀子模块主要由 IGBT 器件、电容器、旁路开关、晶闸管、均压电阻、取能电源和中控板这几部分组成。图 1-2 为子模块原理图和内部结构图,下面对这些主要部件进行具体介绍。

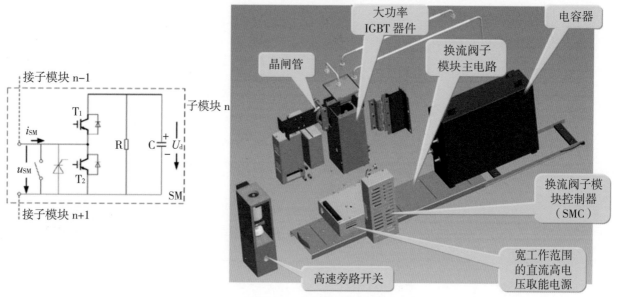

图 1-2　换流阀子模块原理与内部结构图

1.2.1　IGBT 器件

IGBT 器件属于电压控制型器件,需要的驱动能量较低,门极驱动电路可以做得很小,并且开关的频率和速度都可以达到很高的数值,是目前应用最广泛的电力电子器件之一。

IGBT 器件是柔性直流换流阀的核心功率器件,其电压电流等级决定了其应用的范围和场合,厦门柔直工程所采用的 IGBT 器件为 ABB 公司生产的 3300V/1500A 的成熟产品,实物如图 1-3 所示。

图 1-3　IGBT 模块实物图

1.2.1.1　技术参数

　　厦门柔直工程所采用的 IGBT 模块其内部包含 IGBT 芯片和反并联的二极管，因此其技术参数也主要包括这两部分，详见表 1-1。

表 1-1　3300V/1500A IGBT 主要技术参数与测试条件

参数名称	符号	参数	测试条件
IGBT 参数			
Collector-emitter voltage 集射极电压	V_{CES}	3300V	$V_{GE}=0V$
DC collector current 集电极电流	I_C	1500A	$T_C=80℃\ 100℃$
Collector-emitter cut-off current 集射极断态电流	I_{CES}	≤ 40mA	$V_{CE}=3300V$，$V_{GE}=0V$，$T_{vj}=125℃$ 不同温度值不同
Surge current 浪涌电流	I_{FSM}	13.5kA	$V_R=0V$，$T_{vj}=125℃$，$t_p=10ms$，半波
IGBT short circuit SOA 短路安全工作区	t_{psc}	10us	$V_{CC}=2500V$，$V_{CE} ≤ V_{CES}$，$V_{GE} ≤ 15V$，$T_{vj} < 150℃$
Collector-emitter saturation voltage 集射极饱和电压	$V_{CE\ sat}$	3.1~3.4V	$I_C=1500A$，$V_{GE} ≤ 15V$，$T_{vj}=125℃$
Gate charge 门极电荷	Q_{GE}	11uC	$I_C=1500A$，$V_{CE}=1800V$，$V_{GE}= ± 15V$
Turn-on switching energy 开通能量	E_{on}	2150mJ	$V_{CC}=1800V$，$I_C=1500A$，$V_{GE}= ± 15V$，$T_{vj}=125℃$
Turn-off switching energy 关断能量	E_{off}	2800mJ	
Short Current 短路电流	I_{SC}	6400A	$t_{psc} ≤ 10us$，$V_{GE} ≤ 15V$，$V_{CC}=2500V$，$T_{vj} ≥ 125℃$
Thermal resistance，junction to case 结 – 壳热阻	$R_{th(j-c)}$	≤ 8.5K/kW	
Thermal resistance，case to heatsink 壳 – 散热器热阻	$R_{th(c-h)}$	≤ 10K/kW	
二极管参数			
DC forward current 正向电流	I_F	1500A	$T_{vj} ≥ 125℃$
Forward voltage 正向电压	V_F	2.25~2.6V	$I_F=1500A$，$V_{GE}=0V$，$T_{vj}=125℃$
Reverse recovery current 反向恢复电流	I_{rr}	≤ 1900A	$I_F=1500A$，$V_R=1800V$，$V_{GE}=-15V$，$T_{vj}=125℃$
Reverse recovery energy 反向恢复能量	E_{rec}	≤ 2500mJ	
Recovery charge 恢复电荷	Q_r	1550μC	
thermal resistance，junction to case 结 – 壳热阻	$R_{th(j-c)}$	≤ 17K/kW	
Thermal resistance，case to heatsink 壳 – 散热器热阻	$R_{th(c-h)}$	≤ 18K/kW	
模块参数			
Isolation voltage 绝缘电压	V_{isol}	6kV	
Module stray inductance 寄生电感	$L_{σce}$	8nH	
Maximum operating junction temperature 最大运行结温	T_{vjop}	150℃	
Surface creepage distance 表面爬电距离		32mm	
Clearance distance in air 空气净距		19mm	
Dimensions in mm 尺寸		190 × 140	允许误差 ± 0.5mm

1.2.1.2 安装要求

通常采用导热硅脂将功率器件产生的热量传导到散热器上，再通过风冷的方式将热量散出。导热硅脂的厚度直接影响模块基板到散热器的热阻，导热硅脂既不能太薄，也不能太厚，而是要控制在一定的范围内。若导热硅脂涂得太薄，那么两金属接触面之间空隙中的空气无法被充分填充，模块散热能力会降低；若导热硅脂涂得太厚，模块基板和散热器之间无法形成有效的金属—金属接触，模块散热能力同样会降低。因此，在应用中要将导热硅脂的厚度控制在理想值附近的一定范围内，以实现从功率模块到散热器的最优的热传导性能。

导热硅脂的选择需要考虑很多因素，比如导热率、黏稠度、介电强度、挥发物含量及溢出和变干特性。

导热硅脂一般由载体和填充物组成。载体分为含硅和无硅两种，含硅的载体相对稳定，成本低，可靠性高，但某些特定环境中需要无硅载体。导热硅脂中的填充物大多使用金属氧化物（ZnO，BN，Al_2O_3）、银或者石墨。填充物是决定导热率的关键物质，填充物比例越高，导热性也就越好；填充物颗粒体积也直接影响导热率，颗粒越大导热性越好。

1. 导热硅脂涂覆要求

（1）涂覆前，必须确保 IGBT 基板和散热器表面洁净；

（2）导热硅脂最终的厚度应保持在 100μm 左右。

2. 固定要求

硅脂涂覆完毕后，IGBT 安装时需要按照图 1-4 的数字顺次安装固定螺栓，但不能一次性紧固，需要按照该顺序进行逐一调节、逐步安装紧固。

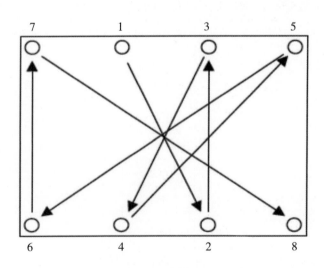

图 1-4 IGBT 安装螺栓固定顺序图

IGBT 安装力矩要求见表 1-2。

表 1-2　IGBT 安装力矩要求

安装位置	力矩
固定螺栓 /M6	4~6N・m
功率端子螺栓 /M8	8~10N・m
辅助端子螺栓 /M4	2~3N・m

1.2.2　电容器

直流支撑电容在柔性直流换流阀子模块中主要起承载直流侧电压的作用（每个桥臂中串联的子模块电容电压之和为系统的直流输出电压差），也即是阶梯波的电平电压，归根结底，电容器为子模块的正常运行提供能量。

厦门柔直工程子模块直流支撑电容器采用填充树脂的金属化膜电容器，该类电容器具有防火性能好、噪音低、运行可靠性高等优点，实物如图 1-5 所示。

图 1-5　直流支撑电容器实物图

1.2.2.1　技术参数

电容器的技术参数详见表 1-3。

表 1-3　电容器技术参数

参数	数值
电气特性	
容值	10000μF
容值偏差	0~5%
额定直流电压	2100V

续表

参数	数值
寿命	> 40 年
最大杂散电感	$\leqslant 30nH$
损耗角正切	$\leqslant 20 \times 10^{-4}$
等效串联电阻	$\leqslant 0.2m\Omega$
热特性	
热阻	$<0.3K/W$

1.2.2.2　其他性能

（1）防火防爆性。电容器在发生火灾或严重故障过电流情况下不应出现爆炸和燃烧，阻燃等级满足 UL94V-0 等级。

（2）密封性能。电容器应具有可靠的密封性，且应设置压力排气阀。

1.2.2.3　安装要求

电容器在子模块中采用卧式安装方式，固定在子模块的结构支架上，端子紧固力矩为 20Nm。

1.2.3　旁路开关

旁路开关为大功率电力电子变流器子模块的一个组成单元，其作用是当对应的电力电子设备发生故障时，该旁路开关合闸，从而将该电力电子设备快速旁路，达到保护电力电子设备的目的。旁路开关在子模块内部的电路结构位置见图1-6，其中K即是为旁路开关。（U+）端为子模块的高电位，（U-）端为子模块的低电位端（即旁路开关主电路和控制回路的零电位端）；实物见图1-7。

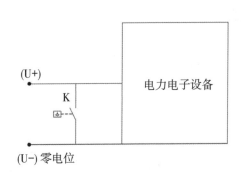

图 1-6　子模块内旁路开关的电路位置　　　　　　　图 1-7　旁路开关实物

1.2.3.1 工作原理

旁路开关作为子模块的保护元件,当子模块出现组件失效或电容电压过高等不可恢复故障时,子模块中控板下发触发命令,让旁路开关闭合,从而将故障子模块快速退出运行,同时投入备用的冗余子模块,以保证设备和系统安全。旁路开关的最主要作用是隔离故障子模块。

1.2.3.2 技术参数

旁路开关与下部 IGBT 模块并联运行,其额定电压不小于 IGBT 模块的集射极电压最大值,同时遵循趋于标准电压等级的原则。根据真空开关的电压等级标准,选择旁路开关的额定电压为 3.6kV。

旁路开关闭合后,子模块将退出运行,旁路开关承受桥臂电流应力,其额定电流不应小于系统桥臂电流的额定值。根据真空开关的电流等级标准,选择旁路开关的额定电流为 1250A。

子模块出现组件失效或电容电压过高等不可恢复故障时,要求旁路开关能迅速闭合,达到保护子模块避免故障扩大化的功能要求,因此选择旁路开关的合闸时间为 3ms。

1.2.4 保护晶闸管

保护晶闸管的主要作用是在短路故障发生时,在子模块 IGBT 闭锁的情况下,分担下管续流二极管的短路电流,起到保护子模块的作用。保护晶闸管实物见图 1-8。

晶闸管主要分为普通晶闸管、快速晶闸管和脉冲功率管。普通晶闸管又可分为全压接型和烧结型两种,两者在同等电流电压情况下比较,烧结型晶闸管比全压接型晶闸管通态压降大,且通流能力较小;快速晶闸管的通态压降高(通态电流 2000A 时为 2.8V),断态重复峰值电压低;脉冲功率管的通态压降更高,通态电流要求为小于 500μs 的单个脉冲,不适合多周期群脉冲的电流。考虑晶闸管的通态压降、通流能力和额定电压等因数,厦门柔直工程选用全压接型普通晶闸管。

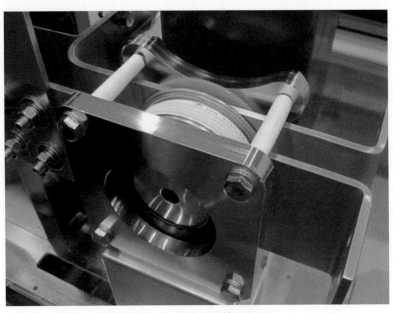

图 1-8　保护晶闸管实物图

1.2.4.1 技术参数

保护晶闸管的技术参数详见表1-4。

表1-4 晶闸管技术参数

序号	名称	符号	单位	测试条件	额定值
1	断态重复峰值电压	V_{DRM}	V	$T_{vj}=25$, $125℃$ $I_{DRM} \leqslant 400mA$,	3400
	反向重复峰值电压	V_{RRM}	V	$T_{vj}=25$, $125℃$ $I_{RRM} \leqslant 400mA$,	3400
	断态重复峰值电流	I_{DRM}	mA	@V_{DRM}, 门极断路	$\leqslant 400$
	反向重复峰值电流	I_{RRM}	mA	@V_{RRM}, 门极断路	$\leqslant 400$
2	通态平均电流	$I_{T(AV)}$	A	正弦半波,$T_C=70℃$	3270
	通态均方根电流	$I_{T(RMS)}$	A	$T_C=70℃$	5134
	通态不重复浪涌电流	I_{TSM}	kA	$T_{vj}=125℃$, 正弦半波, 底宽10ms, $V_R=0$	54
3	通态峰值电压	V_{TM}	V	$T_{vj}=125℃$, $I_{TM}=3000A$	$\leqslant 1.41$
	门槛电压	V_{TO}	V	$T_{vj}=125℃$	0.95
	斜率电阻	R_T	mΩ	$T_{vj}=125℃$	0.153
	维持电流	I_H	mA	$T_{vj}=25℃$	200
	擎住电流	I_L	mA	$T_{vj}=25℃$	1000
4	通态电流临界上升率	di_r/dt	A/μs	$T_{vj}=125℃$, $f=50Hz$, $I_{TM}=4000A$, $V_{DM}=0.67V_{DRM}$, $t_r=0.5\mu s$	$\leqslant 200$
	断态电压临界上升率	dv/dt	V/μs	$T_{vj}=125℃$, 门极断路电压线性上升到$0.67V_{DRM}$	1000
	关断时间	t_q	μs	$T_{vj}=125℃$, $I_T=2000A$, $V_{DM}=0.67V_{DRM}$ $dv/dt=20V/\mu s$, $V_R=200V$, $-di_r/dt=1.5A/\mu s$	600 (典型值)
	恢复电荷	Q_r	μC	$T_{vj}=125℃$, $-di_r/dt=1.5A/\mu s$, $I_T=2000A$, $V_R=200V$,	3500
5	门极触发电流	I_{GT}	mA	$T_{vj}=25℃$	$\leqslant 200$
	门极触发电压	V_{GT}	V	$T_{vj}=25℃$	$\leqslant 2.6$
	门极不触发电压	V_{GD}	V	$T_{vj}=125℃$, $V_D=0.4V_{DRM}$	0.3
	门极正向峰值电压	V_{FGM}	V		12
	门极反向峰值电压	V_{RGM}	V		5
	门极正向峰值电流	I_{FGM}	A		4
	门极峰值功率	P_{GM}	W		20
	门极平均功率	$P_{G(AV)}$	W		4
6	结壳热阻	R_{thjc}	k/W		0.007
7	接触热阻	R_{thcs}	k/W		0.002
8	接线端子			门极:针形端子,阴极:铲形端子	
9	内部等效结温	T_{vj}	℃		−40~125
10	接触面光洁度		μm		3.2~6.4
11	接触面平整度		μm		25
12	压装力	F	kN		$70 \pm 5\%$
13	定位销孔		mm		直径3.5

1.2.4.2 安装要求

晶闸管安装由厂家进行母排的压接，晶闸管的门极触发线与母排成 45 度角出线（正对输出端为向内方向），压装力 ≤ 70kN ± 5%。

1.2.5 均压电阻

均压电阻的主要作用是在换流阀启动充电以及闭锁的状态下均衡每个子模块上的直流电压，另外，在换流阀停运后直流侧电容通过此电阻进行放电。

厦门柔直工程中采用的均压电阻是玻璃釉膜固定电阻器，具有耐压高、精度高、高绝缘性好、安装可靠方便、体积小、杂散电感小、散热性能好等优点，其实物见图 1-9。

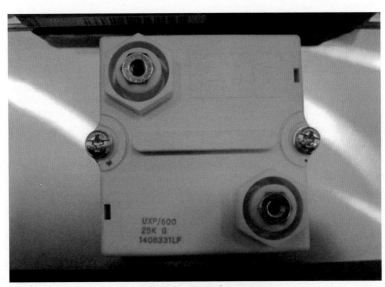

图 1-9　均压电阻实物图

1.2.5.1 技术参数

均压电阻的技术参数详见表 1-5。

表 1-5　电阻器技术参数

参数	数值	备注
电气特性		
阻值	40kΩ	
阻值允许偏差	±2%	30 年寿命期内
额定功耗	600W	基板温度为 85℃的条件
额定电压	DC2100V	
绝缘耐压	AC5000V$_{rms}$/50Hz/1min	漏电流 ≤ 1mA
绝缘电阻	≥ 10GΩ	测试电压：DC500V
局放值	< 10pC	测试电压：DC5000V
寿命	40 年	

续表

参数	数值	备注
热特性		
工作温度范围	−55~+150℃	
冷却方式	水冷	
材料防火等级	UL 94–V0	

1.2.5.2 安装要求

均压电阻安装在水冷散热器上,其与散热器之间需要涂覆导热硅脂,硅脂的厚度应保持在0.15~0.3mm,导热硅脂的导热系数≥ 1000W/K。

1.2.6 取能电源

取能电源的作用主要有两方面:一方面为子模块的中控板（SMC）以及 IGBT 驱动单元（GDU）提供15V 电源;另一方面为旁路开关的储能电容提供 400V 电源。

取能电源输出端如图 1–10 所示。其包括两类电源输出:3 路 15V 直流输出,1 路 400V 直流输出。FAULT 输出为反应取能电源工作状态的光信号,正常状态为有光,故障状态无光。

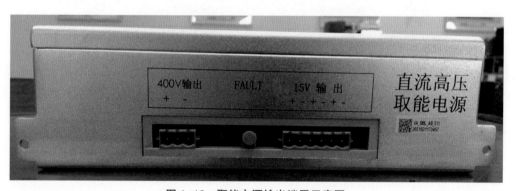

图 1–10 取能电源输出端子示意图

取能电源的输入电压范围为直流 0~3000V;输入源为一大电容,容量为 10000 μF,等效为一电压源,额定电压为 1600V,其稳态工作时输入电压有纹波存在,电压在 1200~2000V 间波动。

取能电源技术参数:

（1）输入电压从 0V 开始上升至 DC400V 时,电源开始导通输出,在此之前,电源处于闭锁状态。

（2）电源在输入电压为 DC400V 时开始导通,导通后电源在输入电压为 DC350V 至 DC3000V 之间稳定工作。当电压降到 DC350V 以下时,电源闭锁输出;电源若需重新导通,输入电压必须大于 DC400V。

（3）输入欠压保护:当输入电压小于 DC350V 时,电源欠压保护,有自恢复功能,自恢复电压为DC400V。

（4）输入过压保护:当输入电压大于 DC3000V 时,电源停止工作,闭锁输出。

（5）输出具备限流保护：当 DC15V 路输出电流大于 3A，输出过流保护启动，发故障信号，具有自恢复功能。

（6）故障信号包括输入过欠压保护信号、DC15V 输出欠压保护信号、DC15V 输出过压保护信号、DC400V 输出过压保护信号、DC400V 输出欠压保护信号、输出过流保护信号、输出短路保护信号、电源内部故障信号，信号合成后通过光纤输出。

（7）输出短路保护：两路输出均具备短路保护，发生短路时发出故障信号，电源进行间歇式保护，短路消除后，电源自动恢复正常工作。

（8）冷却方式：自然冷却。

（9）使用环境：工作环境温度为 5~60℃，储存环境温度为 −40~+60℃，相对湿度 ≤ 85％ RH。

1.2.7 中控板

中控板可监测子模块的各种状态，其电路原理见图 1-11，电路板实物见图 1-12。中控板通过两根光纤和 VBC 进行串行通信，接收 VBC 下发的子模块控制命令，并将子模块的状态上报给 VBC；同时，中控板实现子模块自身的一些控制保护逻辑，当检测到子模块出现故障时，将故障子模块旁路，并将故障信息上报给 VBC。

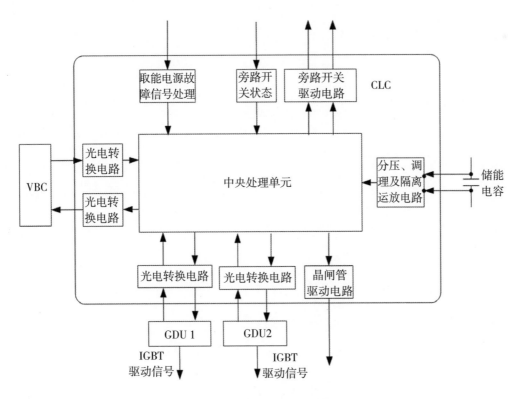

图 1-11　子模块中控板原理框图

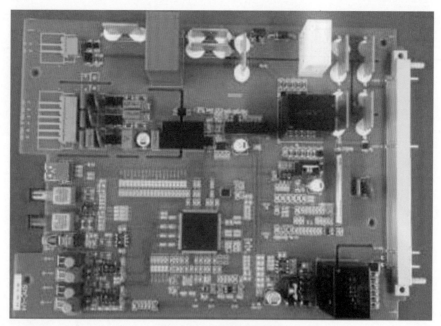

图 1-12　中控板实物图

1.3　换流阀运行原理

在两电平电压源换流器（Voltage Source Converter，VSC）中，换流阀（VSC 阀）与直流电容可以独立、分开地进行设计和试验，之间无相互影响。但随着 VSC 输出电平数的增加，直流电容会被进一步细分，VSC 阀与直流电容之间将变得有相互影响，且相互关联的程度会逐渐增加，这一点可以从二极管箝位型和电容箝位型多电平 VSC 中看出。当 VSC 输出电平数足够多，VSC 可以得到极其近似正弦波的输出波形，且无须采用脉宽调制（PWM），直流电容的再细分程度以及 VSC 阀与直流电容之间的相互关联程度将变得非常复杂，以至于在两者之间做出明确的界定将变得不太可行。此时，若将 VSC 阀不仅考虑成能执行开关动作的功率半导体器件，也考虑成分布式直流电容的话，将会使问题变得大大简化，在效果上，经这样考虑后的 VSC 阀将不再像以前那样，仅仅是功率开关，而变成了可控的电压源，连接在 VSC 某相交流输出端与直流母线一端之间。

1.3.1　换流阀拓扑结构

柔性直流换流器由 6 个桥臂构成，如图 1-13 所示，每个桥臂由一个柔性直流换流阀和一个阀电抗器串联而成。而一个柔性直流换流阀的内部结构如图 1-14 所示，其中，一个子模块两个 IGBT 元件及相应的辅助电路通过串联或并联组成，多个子模块级联成为一个完整的柔性直流换流阀。子模块是柔性直流换流阀的一个阀级，功能上等效为一个可控电压源。整个换流器中所有子模块按照一定的规则有序输出，实现交直流转换。

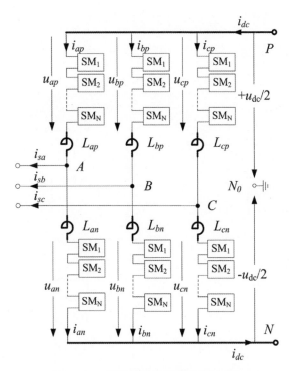

图 1-13　柔性直流换流器的拓扑结构

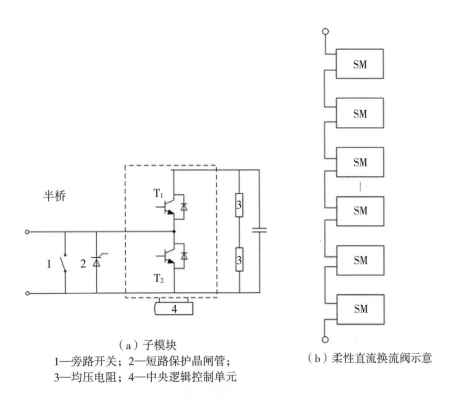

（a）子模块
1—旁路开关；2—短路保护晶闸管；
3—均压电阻；4—中央逻辑控制单元

（b）柔性直流换流阀示意

图 1-14　一个柔性直流换流阀的内部电气结构

1.3.2　换流阀子模块运行状态

　　厦门柔直工程采用半桥子模块，每个子模块内部有两个 IGBT 模块，因此开关状态有四种组合，如下表所示，其中带箭头的粗线表示电流的方向。两个 IGBT 同时开通，将造成电容的短路放电，因此这种状态在正常运行中是禁止出现的。为了便于分析，这里规定电流由上端子流入子模块为正向，即下表第一行电流均为正向，相应地电流由上端子流出子模块为负向。

不同的开关状态对应的电路流通路径标识于表 1-6 中，具体的状态分析如下。

表 1-6　子模块开关状态列表

状态 1： 两个 IGBT 都处于关断状态

这种状态可以看作两电平变流器的一相桥臂中的两个开关器件关断。当电流从直流侧电源正极流入子模块时（定义其为电流的正方向），则电流流过子模块的续流二极管 D1 向电容充电；当电流反向流动，则将直接通过续流二极管 D2 将子模块旁路。

在正常运行情况下，这种状态不应该出现。只有当系统处于启动充电过程中，断开交流侧之后，会将所有的调制子模块置成此状态，通过续流二极管 D1 为电容充电。此外，当出现严重故障情况下，所有的子模块也将控制成此种状态。

状态 2： IGBT1 开通，IGBT2 关断

在这种状态下，当电流正向流动时，电流将通过续流二极管 D1 流入电容，对电容充电；当电流反向流动时，电流将通过 IGBT1 为电容放电。

不管电流处于何种流通方向，子模块的输出端电压都表现为电容电压。因此这种状态将作为 MMC（模块化多电平换流器）电路的一种输出状态。

状态 3： IGBT1 关断，IGBT2 开通

在这种状态下，当电流正向流通时，电流将通过 IGBT2 将子模块的电容电压旁路；当电路方向流通时将通过续流二极管 D2 将电容旁路。对于这种状态，不管电流方向如何，子模块的输出电压都将为零。

1.4　阀控制与保护系统

1.4.1　阀基控制设备概述

柔性直流输电系统的运行控制和设备保护由控制保护系统负责实现，其中极控制保护系统负责实现其核心设备换流阀的控制和保护。从控制保护角度划分，整个极控制保护系统分为四个设备层：

（1）运行人员控制设备层；

（2）极控制保护设备层；

（3）阀基控制设备层；

（4）换流阀设备层。

其中，阀基控制设备（Valve Basic Controller，简称VBC）是柔性直流输电控制系统的中间环节，VBC在功能上是联系极控制保护设备PCP与换流阀设备控制的中间枢纽。主要包括供电单元、桥臂电流控制单元、桥臂汇总控制单元、桥臂分段控制单元、阀状态监视单元等几个部分，采取双冗余配置。

整个控制保护系统框图如图1-15所示，VBC在其中处于承上启下的位置。

VBC控制机箱及屏柜分别如图1-16、1-17所示。

在MMC工作方式的大容量柔性直流输电系统中，换流阀构成的级数很大，厦门柔直工程±320kV/1000MV双极柔性直流系统中，每个桥臂换流阀设计的级数为216个子模块级联。因此，VBC设备需要实现对数量庞大的子模块设备的控制和监视。换流阀阀基控制设备的主要功能包括：

（1）调制：需要将上层PCP发来的桥臂电压参考值根据子模块实际电容电压值换算成最接近参考电压的子模块投入数。

（2）电流平衡控制：通过算法对桥臂电压进行修正，从而抑制上下桥臂、相间、站间的环流。

（3）电压平衡控制：根据投入电平数目，确定上下桥臂各自投入的模块，对采集回的子模块状态进行分类汇总，对可进行投入或切出的子模块电容电压大小进行排序，根据实际电流方向，对不同的子模块进行投切控制，确保子模块电容电压维持在一个合理的范围。

（4）阀保护功能：包括子模块保护和全局保护动作。根据子模块回报的状态信息，进行故障判断，并根据故障等级进行相应的处理，避免发生误动作；根据桥臂光CT的桥臂电流信息，实现桥臂的过流保护动作。

（5）阀监视功能：类似传统直流的TM装置，对阀的状态进行监视，如果有故障或者异常状态出现，以事件的形式上报后台进行处理。

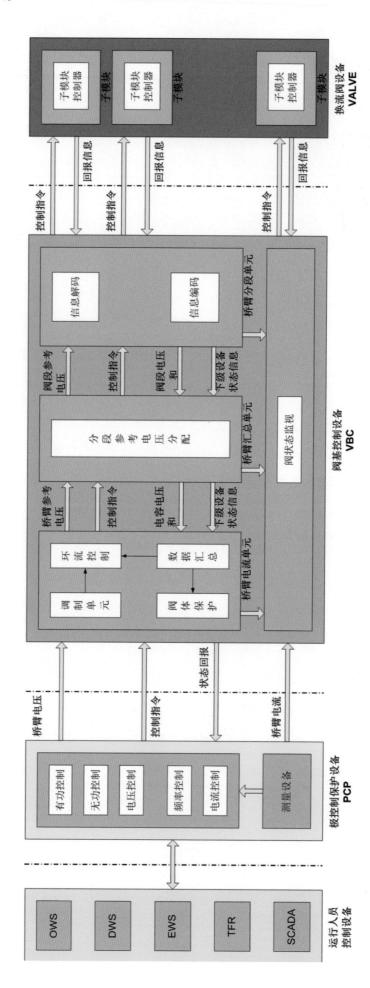

图 1-15　柔性直流输电极控制保护系统架构图

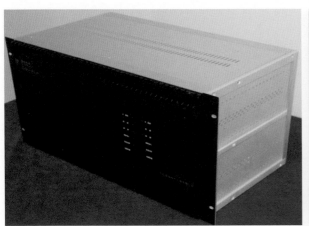
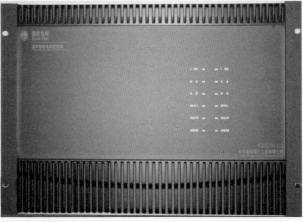

图 1-16　VBC 机箱

图 1-17　VBC 屏柜

（6）通信功能：与上层 PCP 实现 HDLC 通信，与 SMC 实现异步串行通信；并具备 GPS 通信接口、光 CT 接口等。

（7）自监视功能：各单元内部相互监视，完成系统内部故障检测，一旦发现故障，根据故障程度切换系统或者跳闸。

1.4.2　阀基控制设备的硬件及外观

1.4.2.1　阀基控制设备硬件架构

阀基控制设备 VBC 在硬件上需要能完成和极控制保护设备的通信和信息处理，完成和换流阀设备的子模块之间的通信和信息处理。VBC 硬件架构如图 1-18 所示。

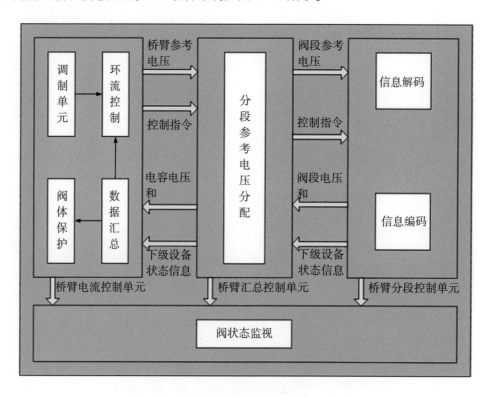

图 1-18　阀基控制设备 VBC 的硬件架构

阀基控制设备从硬件上分为三层：桥臂电流控制单元，桥臂汇总控制单元，桥臂分段控制单元。同时，由阀状态监视单元实现对阀基控制设备状态等信息的监视。

1.4.2.2　阀基控制设备的机柜结构

VBC 采用模块化设计。VBC 机柜内主要部件包括桥臂电流控制机箱、桥臂汇总控制机箱、桥臂分段控制机箱、硬件复归机箱、空气开关、电源滤波电路等。其中，VBC 机柜内不设计单独的机柜照明设备。

VBC 屏柜分为 5 种类型，分别为阀基电流控制柜、阀基桥臂汇总控制柜、阀基分段控制柜、阀基监视设备柜以及阀基监视主机柜，共计 76 台屏柜。厦门柔直工程采用双站、双极模式运行，每个换流站均分为极 I 和极 II，根据 MMC-HVDC 换流器的自身特点，每一极中 VBC 屏柜的结构和作用均相同，不同的是极 I 和极 II 的 VBC 屏柜布局和光缆长度不一致。机柜内机箱与光纤的布局如图 1-19 所示（右侧为桥臂汇总控制柜）。

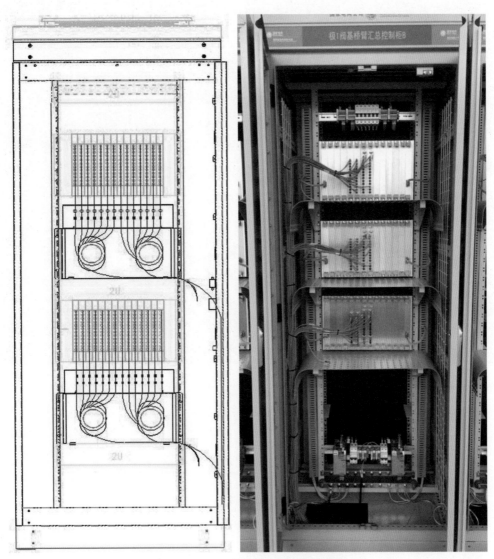

图 1-19　VBC 机柜的光纤布局示意图

1.4.2.3　阀基控制设备的机箱结构

每种机箱的均采用欧式 6U、19 英寸（48cm）屏蔽机箱，以桥臂分段机箱为例，实物图如图 1-20 所示。每个板卡的宽度一致，均是 20.4mm。桥臂汇总机箱与电流机箱也是采用这种结构，不同之处是只使用其中一部分板卡位置。

从后面看机箱从左至右板卡如图 1-21 所示。

1. 桥臂电流控制单元机箱

在整套阀基控制设备中，桥臂电流控制单元具有两个系统 A、B，互为热备用，它们各自的硬件分开，即分别以单独的机箱形式存在。这两个机箱根据 PCP 的主从信号进行切换，同时在运行过程中主电流机箱与从电流机箱间相互传递运算结果信息。机箱面板如图 1-22、图 1-23 所示。

图 1-20 VBC 板卡接线实物图

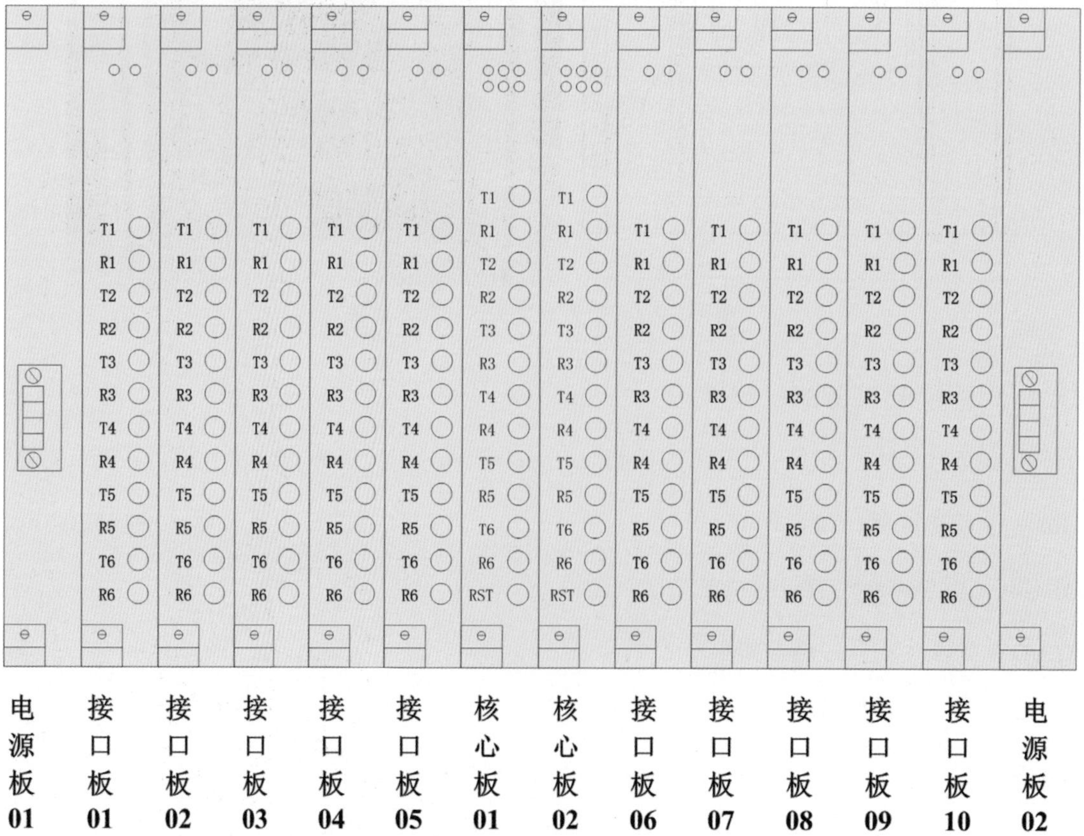

图 1-21 VBC 机箱板卡位置示意图

图 1-22　VBC 桥臂电流单元机箱 A 系统面板

图 1-23　VBC 桥臂电流单元机箱 B 系统面板

该控制单元的主要任务是：完成环流控制算法，得出各桥臂的参考电压值。

前面板各指示灯状态所表示的内容如表 1-7 所示。

表 1-7　前面板指示灯状态表示

前面板灯丝印	初始状态	亮	灭
A 系统	跟随 PCP-A 值班状态	A 系统为主系统	A 系统为从系统
B 系统	跟随 PCP-B 值班状态	B 系统为主系统	B 系统为从系统
电源	亮	电源正常	电源故障
闭锁	亮	换流阀闭锁	换流阀解锁
保护投入	灭	交流进线开关闭合	交流进线开关断开
自检正常	灭	换流阀具备解锁条件	换流阀不具备解锁条件
故障告警	灭	跳闸请求	无跳闸请求

图 1-24 所示是电流单元的板卡位置示意图，包括主控板（MA）、接口板（J4、J5、J6、J7）、电源板（PA、PB）共 7 块板卡。图中用红色字体标注了电流单元的光纤接线方式。

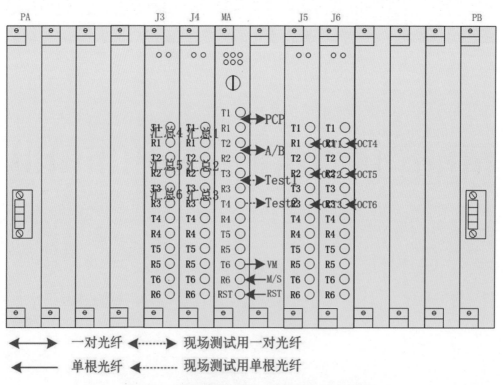

图 1-24　VBC 桥臂电流控制机箱板卡位置示意图

2. 桥臂汇总控制单元机箱

在整套阀基控制设备中，桥臂汇总控制单元也具有两个系统 A、B，互为热备用，它们各自的机箱也单独设计，其面板如图 1-25、图 1-26 所示。该控制单元接受对应桥臂电流控制单元的子模块投切数目，负责给各个桥臂分段单元分配投入个数。

图 1-25 VBC 桥臂汇总控制单元机箱 A 系统面板

图 1-26 VBC 桥臂汇总控制单元机箱 B 系统面板

前面板各指示灯状态所表示的内容与表 1-7 一致。

图 1-27 所示是汇总单元的板卡位置，包括主控板（MA、MB）、接口板（J0、J1）、电源板（PA、PB）共 6 块板卡。图中用红色字体标注了汇总单元的光纤接线方式。

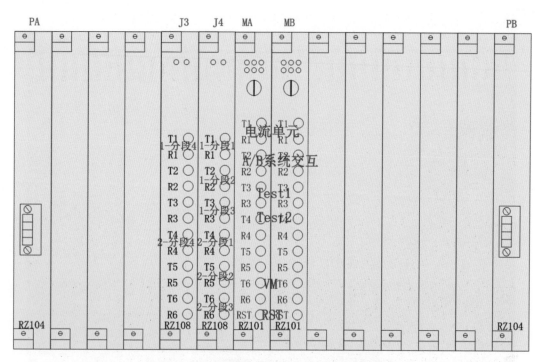

图 1-27 VBC 桥臂汇总控制机箱板卡位置示意图

3. 桥臂分段控制单元机箱

该控制单元机箱由 2 块核心板和 10 块接口板组成，2 块核心板互为备用，每个接口板通过光纤与 6 个 SM 连接，10 个接口板最多可以负责 60 个 SM 的控制及保护。分段控制单元机箱前面板如图 1-28 所示。

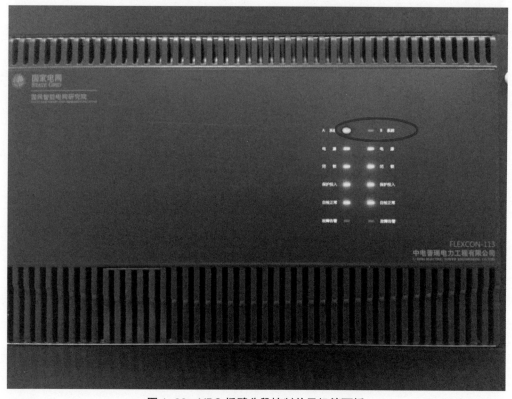

图 1-28 VBC 桥臂分段控制单元机箱面板

该机箱面板中，左右排灯分别代表主核心板和从核心板状态，定义与表 1-7 一致。

图 1-29 所示是分段单元的板卡位置示意图，包括主控板（MA、MB）、接口板（J0~J8）、电源板（PA、PB）共 13 块板卡。

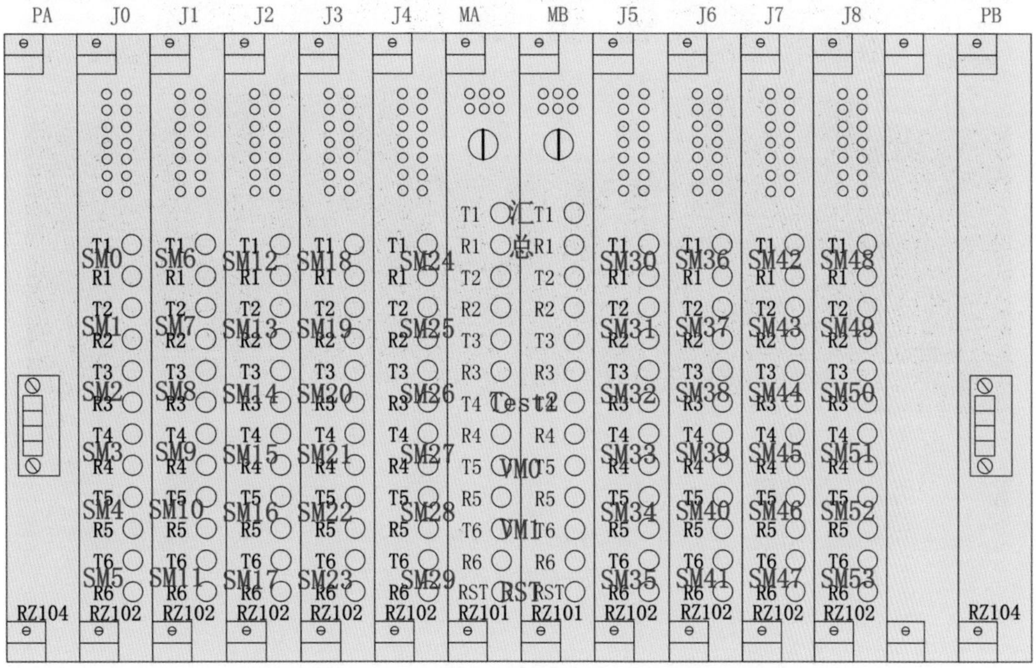

图 1-29　VBC 桥臂汇总控制机箱板卡位置示意图

1.4.2.4　阀基控制设备供电单元

1.4.2.4.1　供电方式

VBC 采用 DC220V 供电，具体实现方式如下。

1. 机箱外采用单独供电单元由 DC220V 转为 DC24V

目前站用电规格不一，有 AC220V、DC110V、DC220V，为了使 VBC 适用于各种情况与安全，柜内统一采用 DC24V，对外的电源接口根据需要来调整。由于厦门 ±320kV/1800A 柔性直流输电工程属于大容量换流站，采用的是 DC220V 供电，所以选用 DC220V 转 DC24V 的电源，双冗余配置。

2. 机箱内将 DC24V 转为 DC5V

电源板分布在每个机箱的两端，DC24V 引到各个机箱电源接口后，由电源板上的电源模块产生控制用的 5V 电源，在板间进行 5V 电源冗余设计，并对 5V 电源进行监视，保证一路电源故障时，另一路电源能够可靠工作。

1.4.2.4.2　电源分配及开关

阀基控制设备机柜电源开关如图 1-30 所示。

图 1-30　阀基控制设备机柜电源开关

1.4.2.4.3　电源进线及接地线

图 1-31 为 VBC 屏柜进线示意图，共由三组接线端子和两组母排组成。

图 1-31　阀基控制设备机柜电源进线及接地

1.4.3 阀基控制设备的软件及功能

1.4.3.1 概况

VBC 主要由桥臂电流控制单元、桥臂汇总控制单元、桥臂分段控制单元三部分组成，各单元功能分配如图 1-32 所示。整个 VBC 系统采用双冗余热备用设计。阀基控制有完善的自检功能，基于模块化考虑，VBC 按每个桥臂来配置，每相单独组屏。

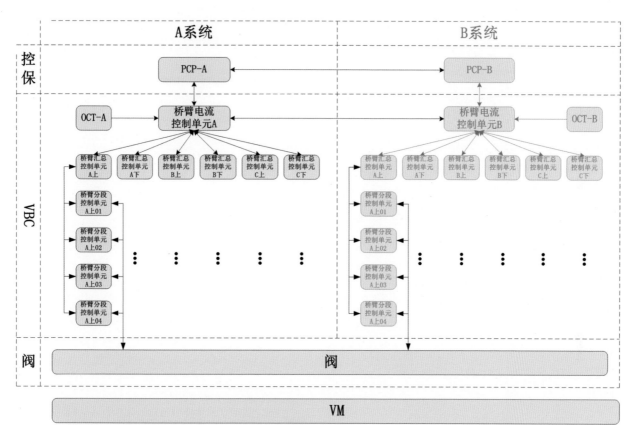

注：[1] VBC部分，电流单元、汇总单元每一个方框代表一个机箱。
[2] 分段单元的A、B系统在同一个机箱，A、B系统与阀的通信通道在硬件上是同一光纤，由当前主系统占用。
[3] VBC部分的每一个方框单元都设计有光纤将当前状态信息发送给VM。

图 1-32 VBC 总体架构分配

VBC 各模块间的通信如图 1-33 所示。

1.4.3.2 阀基控制设备的双冗余设计

阀基控制设备采用完全双冗余设计，图 1-34 所示为厦门柔直工程 1 个站的阀基控制设备的配置架构，可以看出这一点。

1. 桥臂电流控制单元双冗余设计

桥臂电流控制单元采用完全双冗余电路，正常情况下两套系统独立运行，一套作为主系统，另一套作为从系统。

桥臂电流控制单元两个系统的机箱分别放置在两个机柜，并且独立供电。

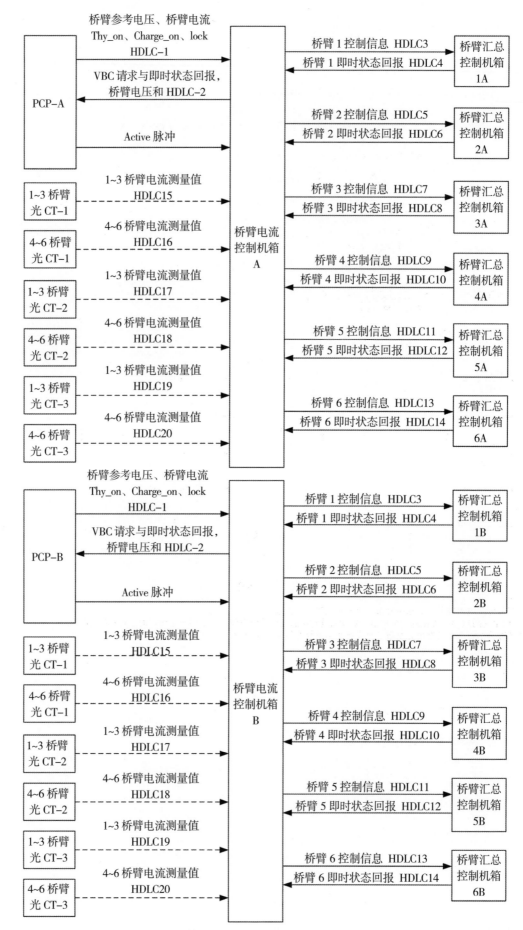

图 1-33　VBC 各模块间的通信

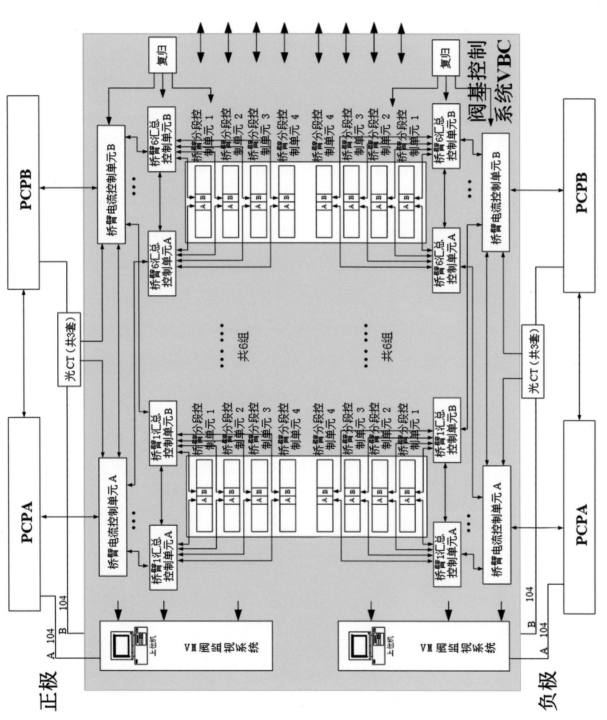

图 1-34 阀基控制设备的双冗余方式

2. 桥臂汇总控制单元机箱双冗余设计

桥臂汇总控制单元机箱也采用完全双冗余电路，正常情况下两套系统独立运行，一套作为主系统，另一套作为从系统。

3. 桥臂分段控制单元冗余功能的实现

桥臂分段控制单元中，除了接口板外，其余采用双冗余电路，正常情况下两套系统独立运行，一套作为主系统，另一套作为从系统。此外，双系统工作中还有如下特点。

（1）下行触发双冗余。为了确保一路触发系统失效后，另一路能够继续运行，接口板会根据主从选择信号线来选择下发的触发信号的来源。

（2）下级设备监测双冗余。监测电路的双冗余同时工作，主、从核心板同时接收系统接口板上报的信息。

（3）保护电路双冗余。保护电路的双冗余同时工作，主、从控制保护系统同时接收保护电路上传的信号和上报的信息。当桥臂分段控制单元主、从系统都正常工作时，上级设备只有同时收到桥臂分段控制单元主、从系统发送的请求跳闸信号才进行闭锁系统跳闸操作。当桥臂分段控制单元只有一套正常工作，另一套故障时，控制保护系统收到正常工作的请求跳闸时，即进行闭锁系统跳闸操作。

（4）工作电源双冗余。桥臂分段控制单元工作电源为双冗余电源，桥臂分段控制单元各机箱配备电源监测模块，当其中一路异常，桥臂分段控制单元通过核心板以具体事件的方式上报，当两路异常，上报故障报警信号。

1.4.3.3 电流控制单元功能

（1）调制功能：将桥臂参考电压换算成子模块投入数。

（2）实现电流平衡控制：计算电流平衡控制量，并将其加入桥臂参考电压中，将桥臂参考电压最终结果（动作数）发送至汇总控制单元。

（3）桥臂过流保护：接收、处理光 CT 发送来的桥臂电流测量值，当发生过流时，快速对换流阀进行保护。

（4）转发桥臂控制信息：接收控制保护系统 PCP 发送的晶闸管动作信号 Thy_on、回报使能信号 Dback_en 和闭锁信号 lock，然后下发给桥臂汇总控制单元。

（5）接收控制保护系统 PCP 下发的 ACTIVE 信号，对其鉴频识别主从，并将主从识别结果下发给汇总控制单元。

（6）通信接口功能：对上实现控制保护系统与 PCP 通信，对下实现与桥臂汇总控制单元通信，具备通信扩展能力。

（7）故障监视功能：监视其下级设备是否正常工作，如果出现异常作切换或者跳闸请求处理。

1.4.3.4 桥臂汇总控制单元功能

（1）通讯纽带功能：作为电流控制单元和桥臂分段控制单元的通讯接口，实现信息相互传送。

（2）接收电流控制单元下发的桥臂参考电压（动作数）及桥臂控制信息（Thy_on、Dback_en、lock），并将此分组下发至桥臂分段控制单元。

（3）数据汇总：将六个桥臂分段控制单元上传的子模块电压信息汇总，并进行子模块电压排序整理。

（4）执行分组协调策略控制：对桥臂参考电压所需投入/切出子模块数进行分组下发，总体实现桥臂的子模块电压平衡策略。

（5）监视六个桥臂分段控制单元状态，产生并向电流控制单元上报桥臂 VBC 单元的状态信息和请求信息（VBC_OK、TRIP、CHANGE）。

（6）桥臂级的控制保护逻辑处理，包括对 VBC_OK、TRIP、CHANGE 信号的处理。

1.4.3.5 桥臂分段控制单元功能

（1）接收子模块电压及状态，向桥臂汇总控制单元上传。

（2）电容电压平衡控制：根据桥臂汇总控制单元下发的投切命令，产生子模块电容电压控制指令，下发给子模块。

（3）阀保护功能：根据子模块回报的状态信息，进行故障判断，并根据故障等级进行相应的处理，并将故障信息及处理信息向桥臂汇总控制单元上传。

（4）通信功能：与桥臂汇总控制单元和 SMC 实现通信。

（5）阀监视功能：对子模块及自身故障进行监视和处理。

1.4.3.6 阀基控制设备的保护功能

阀基控制设备位于地电位的控制室内，实时监控换流阀的运行状态，采用百微秒级运算，对换流阀的故障状态进行快速监测并进行最优的处理，将故障危害降低到最低；同时，VBC 针对桥臂电流和 VBC 自身状态都进行了实时监控与针对性保护，可以确保在 VBC 内部通信不能实现等故障情况下，可以采用通信补发等机制保证换流阀安全退出运行，避免对换流阀造成损坏。在站用双电源中至少一路正常的前提下，无论一次系统是否故障，VBC 都能正常工作。

阀基控制设备可以做到严格按照参考电压进行阶梯波的生成，可以保证在交流系统故障期间维持阀的触发，在故障清除瞬间保证直流系统的恢复，并在所规定的时间内恢复直流系统的输送功率，可以降低交流系统的恢复过电压并改善系统稳定性。

当直流通信系统完全停运时，阀基控制设备也能对阀实施有效的控制，不会因为控制不当而对直流系统在上述交流系统故障期间的性能和故障后的恢复特性产生任何影响。

阀基控制设备设计有完备的保护策略，采用子模块个体保护策略、阀段保护策略以及整个换流阀的层级保护策略，共3级保护。在设备本身的故障情况下也可保障换流阀的安全退出：在PCP通信中断或VBC间通信中断的情况下，系统设计有硬件自动维持通信的机制，保障换流阀安全运行，并设计有保障换流阀安全切换和退出的策略；系统设计有实时监控VBC供电电源的功能，在VBC供电电源掉电之前采取措施保护换流阀。

阀保护功能与全局保护功能详见表1-8、1-9。

表1-8　阀保护功能一览表

序号	故障类型	处理方式
1	SM通信类故障	旁路此SM
2	子模块过压	旁路此SM
3	SM硬件故障	旁路此SM
4	IGBT驱动故障	闭锁此SM
5	SM报晶闸管故障	旁路此SM

表1-9　全局保护功能一览表

序号	故障类型	处理方式
1	阀严重故障	申请跳闸
2	双电源故障	
3	Active无光	
4	VBC设备故障	
5	单电源故障	报单电源故障，VBC运行依然正常
6	系统级故障，需闭锁的情况	执行全局闭锁，无其他报警出现
7	桥臂过流保护	当桥臂电流超过阈值时，闭锁子模块

1.4.3.7　阀基控制设备的自检功能

阀基控制设备具备多种自检功能，自检覆盖率达到100%，自检内容包括：控制保护设备与VBC的通信，VBC机箱单元之间的通信，VBC机箱内部板卡间通信，VBC与光CT间通信，VBC机箱板卡互联系统间的通信，以及VBC的电源监视。对各种故障均定位到最小可更换单元，并能根据不同的故障等级做出相应的响应，以确保不会因为阀基控制设备自身的故障引发其他故障。

VBC的自检分为2个等级：

（1）不影响系统运行的故障，只通过阀监视系统上报故障信息。

（2）会影响阀运行的故障，VBC通过Change和Trip信号来上报切换请求，PCP根据故障信号完成主从系统的再确认并执行。VBC 同时通过阀监视系统完成具体故障原因和位置的上报。

阀基控制设备自检功能如表 1–10 所示。

表 1–10　阀基控制设备自检功能

序号	自检项目
1	DSP、FPGA 工作正常
2	外部通信状态正常
3	ACTIVE 信号正常
4	内部通信状态正常
5	冗余电源工作正常

1.4.3.8　调制与电容电压平衡控制功能

VBC 具备调制和电压平衡控制的能力。调制就是将参考电压转变成投入电平数的过程，通过以下公式实现：

$$n = \frac{u_{\text{ref}}}{u_{\text{N}}m}$$

其中，n 代表需要投入电平数；u_{ref} 为经过环流算法得到的参考电压；u_{N} 为子模块的额定电压。子模块的电压在正常运行下等于子模块的额定电压；m 是调制度，$m \in$（0，1）。

m 可以通过下式确定：

$$m = \frac{u_{\text{ref1}} + u_{\text{ref2}}}{640 \text{kV}}$$

其中，分子是直流母线参考电压，通过对 PCP 发来的参考电压求和而得到，单位是 kV。启动完成之后，正常情况下 $m=1$，启动时 m 根据直流母线参考电压 u_{dcref} 的线性上升而上升，$u_{\text{dcref}}=u_{\text{ref1}}+u_{\text{ref2}}$，具体见图 1–35。

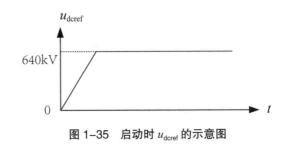

图 1–35　启动时 u_{dcref} 的示意图

根据电流方向确定要动作的 SM，经电压平衡控制算法确定子模块的投切，保证额定运行下子模块间的电压不平衡低于 10%。

1.4.3.9　电流平衡控制功能

VBC 通过对桥臂电流、桥臂参考电压进行浮点运算得到压差设定值 ΔU_{cref}、相单元电压设定值 U_{cref}，通过浮点 PI 函数运算得到桥臂参考电压修正值。

1.4.3.10　阀监视功能

VBC 的阀监视功能能够监视 VBC 电流控制机箱状态、VBC 桥臂汇总控制机箱状态、VBC 桥臂分段控制机箱状态、换流阀子模块状态，并将具体故障信息上报至上层监控系统。

1.4.3.11　冗余切换功能

当上层 PCP 要求切换，或者 VBC 发生需要切换的严重故障时，VBC 能够根据 PCP 的指令进行平滑切换。能引发 VBC 进行冗余切换的原因如下：

（1）PCP 下发的串行数据超时；

（2）PCP 下发的串行数据频繁校验错；

（3）桥臂机箱长期不回报；

（4）桥臂机箱的回报信息频繁校验错；

（5）光 CT 长期不回报；

（6）光 CT 的回报信息频繁校验错。

1.4.4　阀基控制设备的系统接口

阀基控制设备的系统接口包括：电源接口，与控制保护系统、换流阀、阀监视系统的通信接口。

1.4.4.1　VBC 与电源的接口

VBC 的工作电源由站用电源提供。每个 VBC 柜均采用两路彼此独立的 220V 直流电源和一路 220V/50Hz 交流电源。其中，直流电源用于为 VBC 柜内的工作电源供电，交流电源仅用于柜内照明和机柜风扇，根据站内实际情况配置。

1.4.4.2　VBC 与控制保护系统的接口

VBC 与控制保护系统的接口包括：一对 HDLC 光纤收发，一路光纤主从频率信号。

1.4.4.3　VBC 与 SMC 的接口

SMC 逻辑电路与 VBC 之间采用多模光纤作为通信介质。通过一收一发两条光纤线路构成全双工信息交换通道。所采用的光缆具有光传输能力强、可靠性高的特点。在 VBC 和 SMC 之间的光缆走廊中添加适量的冗余光缆，一旦在用光缆出现损坏，可将损坏的光缆直接更换为冗余光缆，而不必打开光缆走廊。SMC 逻辑电路与 VBC 桥臂分段控制单元之间采用反曼彻斯特编码形式进行通信，以增强通信的可靠性。

1.4.4.4　VBC 与上级阀监视的接口

为了方便对阀以及阀控系统的监视，VBC 通过光纤将阀模块和 VBC 自身的故障进行上报。VBC 以机箱为单位，将本机箱负责的数据上报至 VM（阀监视系统），VM 系统完成对阀和 VBC 事件的人机监视。

1.4.5　硬件复归方式

对于模块数量极大的 MMC 柔性直流输电换流阀，因阀基控制器机箱体积有限，需要将一个桥臂的换流阀子模块实行分层分段控制，使得该控制等级的控制器机箱数量增多；同时，考虑控制器的冗余设计，大容量 MMC 柔性直流输电换流阀阀基控制器数量又比正常工作的机箱数量多。但控制保护原则要求，在必要时刻，所有阀基控制器机箱需要实现同时复归；为了保证系统的可靠性，阀基控制器的硬件复归成为必要选择。

硬件复归系统拓扑如图 1-36 所示。

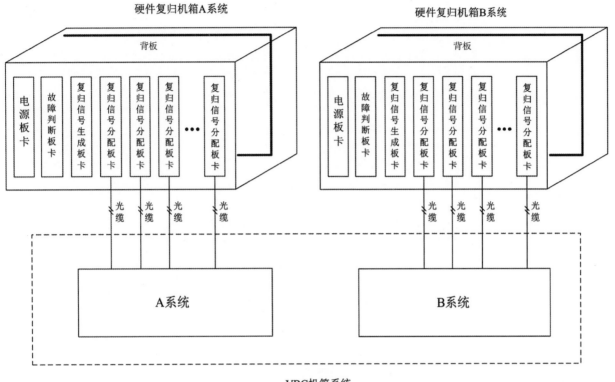

图 1-36　硬件复归系统拓扑

本复归系统基于硬件复归机箱的单独设计，根据故障状态生成硬件复归信号，通过高实时性的数字电路分配足够数量的信号，通过高速光纤传递给 VBC 机箱的核心板，通过复归核心板实现整个机箱的硬件复归；所有机箱的硬件复归状态通过光纤上传至上级阀基检测单元，判断机箱的硬件复归效果，如果机箱硬件复归不完全，需要进行二次复归。

1.4.6　VM 到故障录波设备

根据现场情况，增加 VBC 到故障录波设备的通道，方便出现故障时定位故障位于 PCP 还是 VBC。

此通道位于 VM4# 左核心板上，接收 PCP 的命令，上报 PCP 的状态，将 VBC 自身重要故障状态通过光纤上传到直流故障录波单元，予以显示。

1.5　检修维护

换流阀及阀基控制系统设备检修主要采用定期检修的策略，并将检修划分为日常巡视维护、例行检修维护、特殊性检修三大类型。

1.5.1 日常巡视维护

换流阀运行期间，运维、检修人员应按周期对设备进行日常巡视维护，详见表 1-11。

表 1-11 日常巡视维护项目、周期及要求

序号	项目	周期	要求	备注
1	例行巡视	每天	（1）检查阀塔各部位无火光、无烟雾、无漏水、无异物等异常情况。 （2）检查换流阀、绝缘子无放电痕迹。 （3）检查阀厅温度、湿度正常。 （4）检查换流阀监控设备正常，无异常报警信号。 （5）检查子模块旁路数量是否满足冗余要求。 （6）检查阀冷系统的压力、流量、温度及电导率等正常，满足换流阀运行要求。	由运行人员开展
2	全面巡视	1 月	在例行巡视的基础上增加： （1）检查阀塔主水回路各部件、阀门无渗漏水情况。 （2）检查阀塔设备各部件固定良好，无移位脱落迹象。 （3）检查阀塔绝缘子正常，无裂纹、断裂、松脱情况。 （4）检查阀塔元件、屏蔽罩、绝缘子等无严重积灰。 （5）检查阀厅大门、穿墙套管孔洞、排烟窗密闭良好。	由运行人员开展
3	熄灯巡视	1 周	（1）检查子模块、绝缘子、光纤等设备有无电晕、异常放电。 （2）检查换流阀设备主通流回路接头有无过热现象。	由运行人员开展
4	专业巡视	1 月	在例行巡视、全面巡视、熄灯巡视的基础上，对换流阀开展全面红外热像检测，无异常温升、温差或相对温差，且红外图谱与上次比较无明显变化。检测方法及要求按照 DL/T 664 执行。	由检修人员开展
5	特殊巡视	必要时	在发生下列情况时应开展特殊巡视： （1）过负荷或负荷剧增、超温、设备发热、系统冲击、跳闸、有接地故障情况时，应进行特殊巡视。 （2）设备新投入运行时，设备变动、改造、检修或长期停运重新投入运行后，应进行特殊巡视。 （3）迎峰度夏及特殊保电期间，应增加巡视频次。 （4）设备存在缺陷和隐患时，应根据设备情况增加巡视频次。 （5）遇到大风暴雨天气时，应对阀厅墙壁、阀厅顶部排烟窗、排水设施、防雨百叶边缘及其他开孔处进行特殊巡视，发现渗水或堵塞现象应立即进行处理。	由运行和检修人员开展

1.5.2 例行检修维护

换流阀及阀基控制系统的定期检修维护策略应遵守以下原则，具体项目见表 1-12。

（1）新投运换流阀一年内安排一次检修，检修等级按实际需求确定。

（2）设备正常运行条件下，定期进行检修。

（3）设备出现缺陷或发生故障后安排临时检修。

（4）当有设备技术改造需求时，结合定期检修进行或安排临时检修。

表 1-12　例行检修维护项目、周期及要求

序号	项目	周期	要求	备注
1	阀塔清扫	1年	在停电条件下对阀塔部件、绝缘子等部件进行检查及清扫： （1）对角屏蔽罩、均压环、支撑绝缘子、层间绝缘子、子模块表面、光缆槽、阀塔内主水管、阀塔连接管母及铜排等阀塔部件进行检查和清洁工作。 （2）用吸尘器对子模块进行除尘，用医用抹布（不脱脂）对绝缘子进行擦洗清灰。	结合年检开展
2	一般性检查	1年	检修时，在每个阀塔上重点开展下列一般性检查项目： （1）支撑（层间）绝缘子检查：绝缘子表面无裂纹、电蚀、污秽和闪络痕迹，憎水性符合要求。 （2）等电位线检查：检查子模块、均压环和水冷系统电极的等电位线连接可靠。 （3）子模块检查：检查子模块组件无异常，螺栓无松动，无放电痕迹，无氧化现象；若发现放电痕迹应进行处理并进行子模块功能测试。 （4）光缆检查：光纤无损坏，备用光纤保护帽齐全且数量满足要求，备用光纤头电位可靠固定。光纤连接正确，无断裂、脱落；光缆接头正确插入，锁扣到位，光纤弯曲度正常，光缆排列整齐。	结合年检开展
3	换流阀主通流回路检查	1年	（1）检查子模间、阀塔层间、连接母线等电气连接紧固、无松动，用60%力矩抽查紧固情况。 （2）进行换流阀主通流回路接触电阻测量，接触电阻不大于10μΩ。 （3）如螺栓紧固力矩标识线有位移、紧固件有拆装或接触电阻大于10μΩ，应严格按照国网"十步法"要求进行处理。	结合年检开展
4	阀塔内冷水管路检查	1年	按照国网"十要点阀"对阀塔内冷水管路各个连接处进行检查： （1）检查阀塔内冷水管接头力矩标识线无位移，并用50%力矩（3Nm）进行复查，应无松动。 （2）对阀塔内冷水管路通水并施加110%~120%额定运行压力，静压保持60min，对阀塔主水管路、分水管路、水接头和各通水元件进行检查，应无渗漏。 （3）当接头渗漏水或者进行拆装时，应按规定力矩（6Nm）紧固相应的连接头；紧固后应开展阀塔内冷水管路的静压试验，应无渗漏。	结合年检或消缺开展
5	子模块直流电容器的电容量测量	3年	（1）抽样检查子模块直流电容器的电容量，抽样时需覆盖每个桥臂的每个阀塔，随机抽取不低于1%（每个阀塔至少1个）的子模块进行检查。 （2）应采用电桥或专用测试仪测量子模块直流电容的电容量，要求初值差不超过±5%。 （3）当抽查子模块电容量有不合格情况时，需增加本桥臂抽查量至3%。	结合年检开展
6	子模块均压电阻的电阻值测量	3年	（1）抽样检查子模块均压电阻的电阻值，抽样时须覆盖每个桥臂的每个阀塔，随机抽取不低于1%（每个阀塔至少1个）的子模块进行检查。 （2）采用专用的测量仪测量子模块均压电阻的电阻值，要求电阻值的初值差不大于±5%。 （3）当抽查子模块均压电阻有不合格情况时，需增加本桥臂抽查量至3%。	结合年检开展

续表

序号	项目	周期	要求	备注
7	子模块功能试验	3年或必要时	（1）抽样检查子模块的功能，抽样时需覆盖每个桥臂的每个阀塔，随机抽取不低于3%的子模块进行检查。 （2）当抽查子模块的功能试验有不合格情况时，需增加本桥臂抽查量至5%。 （3）子模块功能试验检查内容包括： 1）IGBT及其驱动检查：采用专用测试工具，测试IGBT能否正确开通和关断。 2）阀电子电路检查：测试阀电子电路是否工作正常，功能正确。 3）旁路开关性能检查：测试旁路开关动作是否可靠，要求旁路开关可靠触发，弹跳时间不大于5ms，合闸时间不大于3ms。	结合年检或消缺开展
8	阀塔冷却水管内等电位电极检查	2年	（1）抽样检查阀塔冷却水管内等电位电极上的沉积物及腐蚀磨损程度，每极换流阀随机抽取1~2个。 （2）清除电极上的沉积物，检查其有效体积减小的程度，当水中部分体积减小超过20%时，须更换，并同时更换O型密封圈。 （3）当抽查发现阀塔冷却水管内等电位电极有不合格情况时，须适当增加抽查数量。	结合年检开展
9	阀基控制系统屏柜检查及清洁	1年	（1）要求VBC装置接线正常，光纤布线美观且符合标准。装置外表清洁、无灰尘，保证VBC控制器的良好运行环境。 （2）屏柜内部灰尘用吸尘器吸附，屏柜外部灰尘用毛巾擦拭。	结合年检开展
10	阀基控制系统功能试验	1年	（1）电源测试：要求工作电源正常。 （2）子模块与分段机箱之间通讯测试：要求通讯正常。 （3）VBC各屏柜之间通讯测试：要求各屏柜间通讯正常。 （4）VBC与PCP之间通讯测试：要求通讯正常。 （5）VM功能测试：要求监视功能正常。 （6）系统切换测试：由PCP下发系统切换指令，应能可靠切换。	结合年检开展
11	阀端对地绝缘测试	3年	测量阀端对地绝缘电阻值，应采用2500V电压的绝缘电阻表，加压1min时测得的绝缘电阻值，应不小于1GW。	结合年检开展
12	光缆传输功率测量	必要时	用于确认光缆传输功率正常，在需要确认光缆传输功率时进行。按照GB/T 14137-93光纤机械式固定接头插入损耗测试方法的要求进行，用光通量计测量各光通路的光衰耗功率，要求符合设备技术文件要求。	结合消缺开展

1.5.3　特殊性检修

1.5.3.1　特殊性检修原则

特殊性检修项目在必要时进行，如在设备发生危急严重缺陷、恶劣工况后，针对性地进行某些特殊性检修项目。具体检修类型见表1-13。

表 1-13　特殊性检修类型、周期及要求

序号	类型	周期	要求	备注
1	重要部件更换	必要时	按厂家技术要求进行。	
2	特殊试验	必要时	按预防性试验规程进行。	

1.5.3.2　重要部件更换工艺及要求

1.5.3.2.1　子模块更换工作流程

（1）故障子模块定位及检查。根据故障信息准确定位故障子模块，并对故障子模块的状态进行检查，测量确认电容电压已降至安全范围内，旁路开关处于合闸位置，并记录子模块编号。

（2）按照子模块更换需求准备好所需工器具，并完成备用子模块功能测试，记录备用子模块编号。

（3）阀塔内冷水管泄压、放水，按正确的顺序关闭阀塔进出水蝶阀，打开排气阀，打开泄空阀进行阀塔排水。

（4）根据故障子模块位置按需拆卸均压环、屏蔽罩和连接母排，正确拆卸光纤连接头及子模块分支水管接头。

（5）将故障子模块抽出，吊至地面，安装新的备用子模块。

（6）恢复子模块分支水管安装，水管接头恢复时应更换新的 0 型密封圈，并按规定的力矩进行紧固，并用记号笔进行标识。

（7）进行阀塔内冷水管静压试验，重点检查拆装后的接头是否存在渗漏情况。

（8）正确恢复子模块与 VBC 的通讯光纤，并进行通讯测试。

（9）恢复子模块连接母排，按规定力矩进行紧固，并测试接触电阻合格，用记号笔进行力矩标识。

（10）恢复均压环及屏蔽罩的安装。

1.5.3.2.2　子模块部件（中控板、取能电源模块等）更换工作流程

（1）故障子模块定位及检查。根据故障信息准确定位故障子模块，并对故障子模块的状态进行检查，测量确认电容电压已降至安全范围内，旁路开关处于合闸位置，并记录子模块编号。

（2）按照子模块部件更换需求准备好所需工器具，并记录子模块备用部件编号。

（3）拆卸相关连接件。按需拆卸均压环和屏蔽罩；拆卸故障部件的接线，并做好光纤接头保护工作（戴防静电手环）；拆除故障子模块连接母排。

（4）故障部件更换。正确拆卸子模块故障部件，并安装备用部件，正确恢复部件的相关接线。

（5）子模块功能试验。正确连接测试仪器的接线，核查正极母排确已断开连接，完成子模块功能试验，试验结果应合格。

（6）正确恢复子模块与 VBC 的通讯光纤，并进行通讯测试。

（7）恢复子模块连接母排，按规定力矩进行紧固，并测试接触电阻合格，用记号笔进行力矩标识。

（8）恢复均压环及屏蔽罩的安装。

1.5.3.2.3　阀塔内冷主水管密封垫更换工作流程

（1）阀塔内冷水管泄压，放水。

（2）拆除水管法兰连接螺栓。

（3）更换密封垫。

（4）紧固螺栓，注意：螺栓紧固时须交替紧固，以保证密封垫居中，紧固力矩符合要求。

1.5.3.2.4　子模块分支管接头更换工作流程

（1）阀塔内冷水管泄压，放水。

（2）拆除要更换的水管接头。

（3）更换新的水管接头和 O 型密封圈，紧固力矩符合要求。

第❷章　换流变压器

2.1　概述

2.1.1　基本组成和原理

单相换流变压器主要由本体、网侧套管、阀侧套管、分接头、本体油枕、分接头油枕、套管 CT、中性点 CT、滤油机、冷却器、气体在线监测装置、呼吸器等组成。额定容量时的温升：顶部油温升 47K，绕组平均温升 52K，绕组热点温升 65K，油箱、铁芯及结构件温升 72K。

换流变压器的基本原理与变压器相似，假设一次、二次绕组的匝数分别为 W_1，W_2，则两边的电压比 $U_1/U_2=W_1/W_2=k$，式中 k 就是变压器的变比，或称匝数比，设计时选择适当的变比就可以实现把一次侧电压变到需要的二次电压。

双绕组换流变压器结构为一、二次侧均只有 1 个绕组，如图 2-1 所示。

三绕组换流变压器一次侧只有 1 个绕组，而二次侧有两个绕组，如图 2-2 所示。

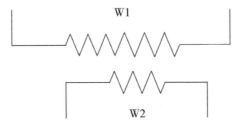

图 2-1　双绕组换流变压器等效示意图

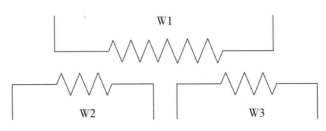

图 2-2　三绕组换流变压器等效示意图

2.1.2　功能与特点

换流变压器与换流阀一起实现交流电与直流电之间的相互转换，换流变升高或降低电压，而换流阀则实现交流电与直流电的转换。

换流变压器的阻抗可限制阀臂短路和直流母线上短路时的故障电流，使换流阀免遭损坏。

换流变压器的运行与换流器的换相所造成的非线性变化密切相关，换流变压器在漏抗、绝缘、谐波、直流偏磁、有载调压和试验方面和普通电力变压器有着不同之处。

2.1.2.1　短路阻抗

为了限制当阀臂及直流母线短路时的故障电流，以免损坏换流阀的晶闸管元件，换流变压器应有足够大的短路阻抗。短路阻抗也不能太大，否则会使运行中的无功损耗增加，需要相应增加无功补偿设备，并导致换相压降过大。大容量换流变压器的短路阻抗百分数通常为 12%~18%。

2.1.2.2　绝缘

换流变压器阀侧绕组同时承受交流电压和直流电压。在两个 6 脉动换流器串联而形成的 12 脉动换流器接线中，由接地端算起的第一个 6 脉动换流器的换流变压器阀侧绕组直流电压会垫高 $0.25U_d$（U_d 为 12 脉动换流器的直流电压），第二个 6 脉动换流器的阀侧绕组会垫高 $\sqrt{3}\ 0.75U_d$，因而换流变压器的阀侧绕组除承受正常交流电压产生的应力外，还要承受直流电压承受的应力。另外，直流全压启动以及极性反转，都会造成换流变压器的绝缘结构比普通变压器复杂得多。

2.1.2.3　谐波

换流变压器在运行中有特征谐波电流和非特征谐波电流流过。变压器漏磁的谐波分量会使变压器的杂散损耗增大，有时还可能使某些金属部件和油箱产生局部过热现象。对于有较强漏磁通过的部件要用非磁性材料或采用磁屏蔽措施。数值较大的特征谐波所引起的磁致伸缩噪音，一般处于听觉较为灵敏的频带，必要时要采取更为有效的隔音措施。

2.1.2.4　有载调压

为了补偿换流变压器交流网测电压的变化以及将触发角控制在适当的范围内以保证运行的安全性和经济性，要求有载调压分解开关的调压范围较大，特别是可能采用直流降压模式时，要求的调压范围往往高达 20%~30%。

2.1.2.5　直流偏磁

运行中由于交直流线路的耦合、换流阀触发角的不平衡、接地极电位的升高以及换流变压器交流网侧存在 2 次谐波等原因，将导致换流变压器阀侧及交流网侧绕组的电流中产生直流分量，使换流变压器产生直流偏磁现象，导致变压器损耗、温升及噪音都有所增加。但是，直流偏磁电流相对较小，一般不会对换流变压器的安全造成影响。

2.1.2.6　试验

换流变压器除了要进行与普通变压器一样的型式试验之外，还要进行直流方面的试验，

如直流电压试验、直流电压局放试验、直流电压极性反转试验等。

2.1.3　型式

换流变压器的总体结构可以是三相三绕组式、三相双绕组式、单相双绕组式和单相三绕组式四种。采用何种结构形式的换流变压器，应根据换流变压器交流侧及直流侧的系统电压要求、变压器的容量、运输条件以及换流站布置要求等因素进行全面考虑确定。

对于中等额定容量和电压的换流变压器，可选用三相变压器。采用三相变压器的优点是减少材料用量、减少变压器占地空间及损耗，特别是空载损耗。对应于 12 脉动换流器的两个 6 脉动换流桥，宜采用两台三相变压器，其阀侧输出电压彼此应有 30° 的相角差，网侧绕组均为 Y 连接，而阀侧绕组，一台应为 Y 连接，另一台为 Δ 连接。

对于容量较大的换流变压器，可采用单相变压器组。在运输条件允许时应采用单相三绕组变压器。这种型式的变压器带有 1 个交流网侧绕组和 2 个阀侧绕组，阀侧绕组分别为 Y 连接和 Δ 连接。两个阀侧绕组具有相同的额定容量和运行参数（如阻抗和损耗），线电压之比为 √3，相角差为 30°。

高压大容量直流输电系统采用单相三绕组换流变压器组相对于采用单相双绕组来说具有更少的铁芯、油箱、套管以及有载调压开关，因此原则上采用三绕组变压器要更经济、可靠。但单相三绕组变压器的运输质量约为单相双绕组的 1.6 倍。

2.2　技术规范

换流变压器是高压直流系统中不可缺少的一部分，它为可控硅阀提供了设计电压等级的交流电压，其外形如图 2-3。

以下介绍的换流变压器均为单相双绕组和单相三绕组的换流变压器。

图 2-3　单相双绕组换流变压器

厦门柔直工程极 I 、极 II 4 组换流变分别采用 3 台单相双绕组换流变压器，型号为 ZZDFPZ-176700/220-320，额定容量 176.67MVA，阀侧电压等级 AC166.57kV，强油循环风冷，有载调压容量为 176.7/176.7MVA，额定相电压为 230/ 3（+8/−8）×1.25%/166.57kV，阀侧直流偏置电压 160kV，详细技术参数见表 2-1。

表 2-1 厦门柔直工程换流变压器技术参数

序号	项目	技术参数		
1	型号	ZZDFPZ-176700/220-320		
2	相数	单相双绕组		
3	额定容量 MVA	176.7MVA		
4	额定频率	50Hz		
5	额定电压及分接范围	$(230 \pm 8 \times 1.25\%) \sqrt{3} /166.57\text{kV}$		
6	联接组别	Ii0		
7	冷却方式	ODAF		
8	声级水平	≤ 75		
9	抗短路时间	3s		
10	器身重量	108200kg		
11	总油重	70t		
12	网侧最高电压	242		
13	额定电流	1330.45A/1060.62A		
14	调压方式	有载调压		
15	绝缘水平	（1）短时工频耐受电压（方均根值）	230kV 侧	395
			166.57kV 侧	395
		（2）雷电全波/截波冲击耐受电压（峰值）	230kV 侧	950
			166.57kV 侧	900
16	绝缘水平（kV）	网侧绕组：LI950AC395—LI185AC85		
		阀侧绕组：对地 SI850AC1h345—通过线圈 LI900SI850—DC2h455—PR290		
17	空载电流	≤ 0.45%		
18	空载损耗	≤ 85		
19	负载损耗	≤ 360(不含谐波)		
20	总损耗	≤ 445(不含谐波及直流偏磁)		
21	短路阻抗 (MVA)	176.7		
22	绕组电阻 Ω	230kV 侧	约 0.096	
		166.57kV 侧	约 0.11	

续表

序号	项目	技术参数			
23	温升限值	绕组平均温升		52K	
		顶层油温升		47K	
		铁芯、结构件温升		72K	
24	噪声水平	≤ 75dB			
25	空载电压比	230/√3̄ /166.57			
26	绕组电阻最大不平衡率	相≤ 4%			
27	可承受的2秒对称短路电流(kA)	网侧 9.86kA（峰值 27.88kA）阀侧 7.07kA（峰值 20kA）			
28	磁通密度	约 1.7T			
29	套管	型式		瓷（网侧），复合（阀侧）	
		额定电压		网首头 252kV；网中性点 72.5kV；阀侧 320 kV	
		额定电流		网侧 2500A；阀侧 2000A	
		瓷套颜色		棕色（网侧）	
		最小爬电比距		25mm/kV（阀侧和网侧）	
30	内/外绝缘短时工频耐受电压（方均根值）	230kV 侧		505 kV	
		166.57kV 侧		550 kV	
	雷电全波/截波冲击耐受电压（峰值）	230kV 侧		1050 kV	
		166.57kV 侧		1050 kV	
31	弯曲试验负荷		水平纵向	水平横向	垂直方向
		网侧	3000	2000	2000
		阀侧	3000	3000	2000
		中性点	2000	2000	1500
32	重量	总重		约 256 t	
		运输重		约 170 t	
33	外形尺寸：长 × 宽 × 高	约 14.5m × 6.5m × 9.8m			
34	运输尺寸：长 × 宽 × 高	约 6.5m × 4.14m × 4.88m			
35	高压侧相间安全距离	约 2.25 m			
36	低压侧相间安全距离	约 2.35m			
37	安装位置	#1 换流变、#2 换流变			
38	生产厂家	特变电工沈阳变压器集团有限公司			

2.3 相关配件

2.3.1 套管

2.3.1.1 油绝缘套管

油绝缘套管由最内层的导电管、中间层的油浸式电容纸质芯子和分层的铝箔及最外层的瓷绝缘子外套组成，内部充满油。在套管上有 1 个油枕，可对套管中的油进行调节。套管油与本体油不相通。

该类型套管多用于阀侧套管和网侧高压套管。阀侧套管一般带有油枕，而网侧套管一般不带有油枕。

2.3.1.2 环氧树脂浸纸电容式套管

环氧树脂浸纸电容式套管由导管、法兰及电容芯子连接组成。主绝缘电容芯子是由绝缘纸和铝箔电极在导电管上卷绕而成的同心圆柱型串联电容器，用以均匀电场。套管油与本体油相通。套管照片如图 2-4 所示。

图 2-4　环氧树脂浸纸电容式套管

套管的中间设有供安装连接用的法兰，法兰上设有供变压器注油时放出变压器上部空气的放气塞及测量套管介损的测量引线装置。

该类型套管多用于阀侧。

2.3.1.3 瓷套管

瓷套管为电容性套管，其主绝缘由油浸式芯子构成，芯子被绝缘油包裹。芯子为分层结构以优化电压分布。套管外壳为瓷绝缘子、法兰、外罩等组成。

此类套管一般用于网侧中性点套管。

2.3.2 冷却器

冷却器为强迫油循环风冷式，其中又分为导向风冷却和非导向风冷却，这里主要介绍前者。

2.3.2.1 强迫油循环冷却方式

要达到希望的冷却效果，必然要降低油流动的速度。因油温降到一定程度时，油粘度增加，会使散热效果变差。而强迫加快油流速度，就会使散热加快。强迫油循环的方法就是在油路中加入油泵。

强迫油循环风冷则是将风冷却器装于变压器油箱壁上或装于独立的支架上，对冷却器内的油采用风扇冷却。

为了防止油泵的漏油和漏气，目前广泛采用潜油泵和潜油电动机。潜油泵安装在冷却器的下面，泵的吸入端直接装在第一个油回路（冷却器为多回路的）上，吐出端通过装有流动继电器的联管接至第二回路。流动继电器的作用是，当潜油泵发生故障，油流停止时，发出信号和投入备用冷却器。

2.3.2.2 强迫油循环导向冷却

这种冷却方式基本上还属于上述强迫油循环类型，与普通冷却方式主要的区别在于变压器器身部分的油路。普通冷却方式在变压器器身内的油路较乱，油沿着线圈和铁芯、线圈和线圈间的纵向油道逐渐上升，而线圈段间（或叫饼间）油的流速不大，局部地方还可能没有冷却到，线圈的某些线段和线匝局部温度很高。采用导向冷却后，可以改善这些状况。变压器中线圈的发热量比铁芯的发热量大，因此改善线圈的散热情况很有必要。导向冷却的变压器在结构上采用了一定的措施（如加挡油纸板、纸筒）后，使油按一定的路径流动，泵口的冷油在一定压力下被送入线圈间、线饼间的油道和铁芯的油道中，能冷却线圈的各个部分，从而提高冷却效能。

强油循环导向风冷却大致分为三种导油结构。

1. 利用下夹件进行导油

国外有些变压器制造厂将铁芯夹件制成箱形，利用箱形夹件内部的空腔进行导油。这种夹件强度高，且结构紧凑，但由于其需用大型折边设备，制造技术要求高（保证外壁平整等），加工费时，因而在国内还不多见。

2. 利用导油管进行导油

利用导油管导油是国内各变压器制造厂家常用的结构，它是油箱内部将两件焊接钢管用角钢和U形螺杆分别固定夹件的高、低压两侧作为导油母管，然后通过焊在母管上的支管将变压器冷却油导入器身内部，导油母管与变压器油箱的连接结构如图2-5所示。

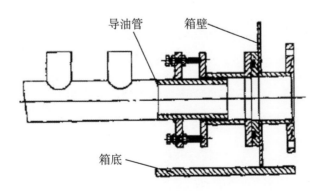

图2-5 导油管结构连接

导油母管通过焊接在油箱上的管接头与油箱外面的汇流管相连接。从器身内部出来的变压器油，经油箱上部空间汇合后，通过焊在油箱顶盖上的法兰盘（或管接头）及与之连接的连管流回冷却器。

3. 箱底导油结构

对于特大型变压器，为了降低变压器的运输高度，常将下节油箱的加强铁布置在油箱内部。同时，为了避免大电流低压引线引起的箱沿螺栓局部过热，下节油箱高度一般取得较低。这种情况下，从下节油箱箱壁引出导油管将变得困难，但可以采用箱底导油结构。

箱底导油结构是利用箱壁内部加强铁之间的空间作为导油通道，具体结构如图2-6所示。视结构需要可以在下节油箱的高压侧（或低压侧，或高、低压侧）焊上导油盒，该导油盒通过箱壁上的管接头与油箱外面的冷却器联通。来自冷却器的变压器油流经油箱导油盒进入箱底加强铁之间的导油通路内，然后利用铁芯下夹件下肢板上所开分流孔将冷切油导入器身内部。

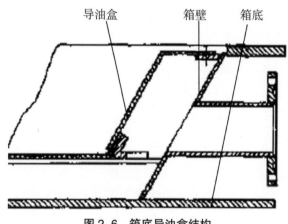

导油盒　　　箱壁　　箱底

图2-6　箱底导油盒结构

对于强油循环导向冷却的变压器而言，当绝缘材料表面的油流速度过高时，有可能造成"油流带电"现象，危及变压器的安全运行。在结构上常采取"分流"措施，即将来自冷却器油流的一部分直接导入油箱而不进入器身内部，这部分油虽然不对绕组的线饼进行直接冷却，但由于它是冷油进入变压器油箱下部，在油箱内部变热后从上部出油口流出，所以同样带走变压器损耗所产生的热量，使变压器的油面温度降低。

冷却器利用空气流通来冷却变压器油。冷却器由冷却风扇、潜油泵、散热片、油流指示器等组成。冷却器风扇被分隔开来安装，这样的安装便于逐个有选择地开启和关闭风扇。潜油泵提供强迫油循环的动力，油流指示器则用来指示潜油泵是否启动。油流指示器根据压差原理工作，对循环油冷却换流变来说，流过冷却器的压差带动指示器来显示位置。

冷却风扇的照片如图2-7所示。

油流指示器的照片如图2-8所示。

图 2-7　冷却器风扇

图 2-8　冷却器油流指示器

散热片的照片如图 2-9 所示。

图 2-9　冷却器散热片

2.3.3　气体继电器

换流变装有多个气体继电器，分别位于：本体油枕和本体油箱之间的连接管道、网侧高压套管、阀侧套管、本体油箱中分接头的选择开关周围。

气体继电器外观为铝盒，内部在顶部安装有报警和跳闸装置。在盒的两侧都预备了两个可视窗口。上方的可视窗口有立方厘米的刻度，可以显示出被收集气体的体积。可视窗口配有带铰链的金属盖。释放收集气体的阀门安装在盒的顶盖上。盖子上有一个测试旋钮，是为了报警和跳闸装置的手动测试，当不使用的时候用一个簧帽保护。

气体继电器有两级保护：第一级为轻瓦斯保护，只发报警信号；第二级保护为重瓦斯保护，发报警，且发生跳闸信号。气体继电器的原理如下：

（1）轻瓦斯的原理：换流变在因为发生电弧、短路和过热时产生大量气体，气体聚集在气体继电器上部，使油面降低。当油面降低到一定程度时，上浮球下沉，使控制接点接通，发出报警信号。

（2）重瓦斯的原理：换流变内部的严重故障（例如电弧）时，换流变油的体积会急剧增大，油流冲击挡板，挡板偏转并带动板后的联动杆转动上升，使控制接点接通，发出跳闸信号。

2.3.4　温度计

换流变一般有 2 个油温传感器，分别位于换流变油箱顶部和底。测量系统中充满液体，温度变化时液体的体积随着变化，并导致弹簧挡板移动，挡板移动的信息通过连接系统传输给信号接点。油温传感器有 4 副微型开关信号接点。

换流变的绕组温度是依据油温和绕组电流计算得出的。电流互感器内的调节电阻器用来补偿电流的热效应，帮助显示绕组温度。

油温传感器的照片如图 2-10 所示。

图 2-10　油温传感器

2.3.5　压力释放阀

换流变压器的压力释放阀分别装在有载调压开关油箱和本体油箱上，属于一种保护装置，当换流变油箱或有载调压开关油箱内严重故障（例如电弧）时，换流变内油的体积会急剧增大，并产生大量气体，就会压缩压力释放阀的弹簧，若其压力大于压力释放阀的开启压力，压力释放阀就会打开，气体和油则会从压力释放阀喷出，待油箱内的压力低于压力释放阀的开启压力后，压力释放阀会关闭。结构同常规变压器。

2.3.6　压力继电器

换流变压器的压力继电器装在有载调压开关油箱上，外观如图 2-11 所示。当油箱内的气体发生过压时，压力继电器将发出跳闸信号，跳开换流变的进线断路器。

压力继电器底部为活塞，在继电器腔体内，活塞与弹簧连接，活塞上端为开关元件。当作用在活塞上的压力大于活塞上弹簧的压力时，活塞将向上移动，于是触发开关元件。若在 -40℃ 到 80℃ 的温度范围内，当压力增大 20—40MPa 时，动作时间将少于 15ms。动作时间指的是有载调压开关油箱的压力超过压力继电器的整定压力到压力继电器发出稳定的跳开断路器信号之间的时间。

图 2-11 压力继电器外观

2.3.7 油位指示器

油位指示器外观如图 2-12 所示，用于显示油枕内的油位，通常安装在油枕端部的法兰上，换流变压器的油位指示器安装在本体油枕和有载调压开关油枕上。

图 2-12 油位指示器

油位指示器的指针指示范围从 0 至 1，将可指示的油枕容积分为 10 等份。随着油位的变化，浮子的升降带动浮杆，如图 2-13 所示，从而驱动连动轴。连动轴的运动使得磁铁相互作用，这个作用力使得指针也跟着一起转动。两块磁铁分别安装在油枕外壳端部的内外两侧。

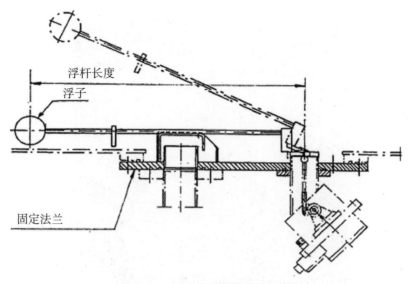

图 2-13　油位指示器带浮杆示意图

2.3.8　呼吸器

换流变的呼吸器分别为本体油枕呼吸器和有载调压开关油枕呼吸器，呼吸器的作用是在换流变负载下降、油温降低，造成油体积减小的情况下，给换流变提供干燥的空气。在呼吸器中填充有硅胶，硅胶有很好的干燥效果，可以吸收相当于自重 15% 的水分，吸收水分后硅胶会变成色。

在呼吸器末端有一油杯，用来防止空气直接进入呼吸器，可以在空气进入前对空气进行净化，注油的时候要注到刻度线所在的位置。

2.3.9　在线滤油机

为了对换流变压器有载调压开关的油箱进行在线滤油，换流变压器装有在线滤油机。在线滤油机由过滤器底座、过滤器外壳、泵、电机等组成，其内部结构如图 2-14 所示，外观如图 2-15 所示。排油阀安装在过滤器底座上，用于在更换滤芯时排掉外壳内的油。

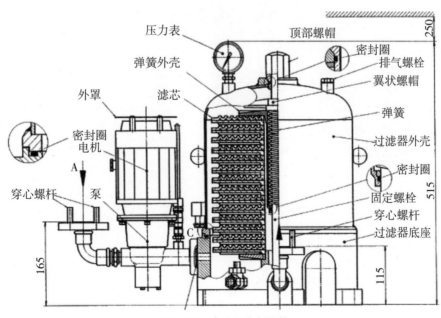

图 2-14　滤油机内部结构

图 2-15　在线滤油机外观

在线滤油装置运行方式为在线不间断滤油；当滤油回路发生油泄漏时，发油枕"油位低"报警，自动跳开滤油装置电机开关。

2.3.10　潜油泵

换流变压器的每组冷却器上装有 1 台潜油泵，潜油泵提供强迫油循环的动力。潜油泵的内部结构图如图 2-16 所示，外观如图 2-17 所示。泵 1 和电机室 5 都是由铁质材料构成，再由螺丝固定；连接处的密封使用"O"形环；定子 6 和线圈 8 直接安装在电机室内；电机的传动轴 9 连接转子 7 和泵叶轮

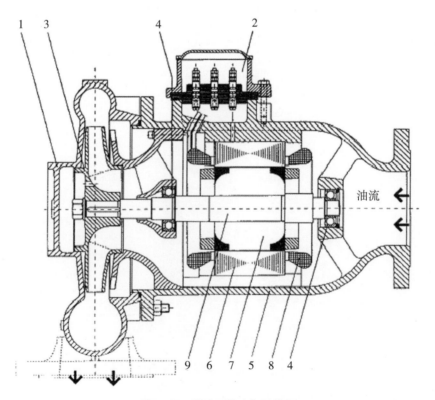

图 2-16　潜油泵的内部结构图

图 2-17　潜油泵外观

3 悬挂固定于两端的球形轴承中；当转子静止，电机室产生振动时，球形轴承 4 中缓冲器的弹簧可以防损伤。泵叶轮安装时，应小心地调整和平衡。

在运输储存时，法兰要盖上，防止湿气在泵内聚集。

泵的真空测试用于检查泵在过压力下的密封性能。

电机端子盒 2 具有耐污特性，带有一接线孔 PR23.5（DIN 40430）用于安装电缆。在运输过程中，电缆孔要使用塑料插销密封。可以在进口旁钻出其余尺寸的孔。接线盒的接地使用一个内部接地螺丝。

泵的内部应涂上一层环氧漆，外部应涂上一层耐油漆。

2.3.11　有载调压开关

换流变有载调压开关由以下部分组成：选择开关、切换开关、极性开关、电位开关、过渡电阻、电动操作机构及相关保护元件等。

有载调压开关是安装在变压器油箱内的。电动操作机构在变压器油箱壁上，通过驱动轴和斜齿轮与有载调压开关相连，如图 2-18 所示。

切换开关有一个与变压器主体油隔开的独立油室，这是为了防止切换开关因操作而导致油老化后，对变压器主体油造成污染。开关油室内的油需要定期进行检查和过滤，以保证其适当的电气强度，同时防止机械磨损。

切换开关的主要部件有：主静触头、主动触头、过渡静触头、过渡动触头、过渡电阻、弹簧驱动的多边形连接系统。要定期对触头进行检查，清洁切换开关的绝缘件，同时清洁开关油室的内部，这

图 2-18　有载调压开关与其电动操作机构的连接

是很必要的。

除了对切换开关进行维护和油清洁以外，还要对电动操作机构进行检查和润滑。

2.3.12　油流继电器

油流继电器用于显示变压器强迫油循环冷却系统内的油流量变化，据此可了解油泵转向是否正确、阀门是否开启、管路是否有堵塞等情况，当油流量达到动作油流量或减少到返回油流量时均能发出报警信号。

2.3.13　油流指示器

油流指示器分为接线盒和表头两个部分，表头中 PUMP ON 与 PUMP OFF 用于指示油流的循环情况，当冷却器运行时带动循环油循环流动，油流指示器指示在"PUMP ON"位置，当冷却器停止时循环油流动停止，油流指示器指示在"PUMP OFF"位置。

油流指示器表头带动辅助节点进行报警。

2.3.14　油枕气囊泄漏探测器

油枕气囊泄漏探测器用来监测气囊内是否有破漏，是否有油渗入气囊。当监测到有油渗入时发报警。

2.3.15　气体在线监测装置

换流变气体在线监测装置型号为 Hydran-201Ti，用于现场在线监测变压器油中气体含量。其原理是传感器中有一层具有选择性的高分子薄膜，变压器油中的 H_2（氢气）、CO（一氧化碳）、C_2H_4（乙烯）、C_2H_2（乙炔）四种气体通过渗透膜进入电化学气体监测器内，在该处与空气中的氧进行电化学反应，产生一个与反映量成比例的电信号，信号最后反映到显示屏上，以数字形式显示，供工作人员读取油中混合气体浓度值。

气体在线监测装置是构成变压器油气在线监测系统的核心，由传感器、输入输出 (I/O) 模块、CPU 模块、黄铜接头、外壳加热器、接线盒和传感器外罩壳等构成，传感器、I/O 模块和 CPU 模块是其核心组件。

在线监测装置终端板上的模拟量输出端子为 4~20mA 输出，并能读出由故障产生的综合气体读数，以 ppm 为单位。也就是说综合气体读数 0~2000ppm 与模拟量输出端子的 4~20mA 输出相对应，正常时 1mA=125ppm。

2.4　试验与检修

2.4.1　型式试验

该试验应在 IEC60076-1/Clause 10 标准规定的条件下进行。

换流变压器和套管的型式试验的顺序如下：

（1）温度上升试验；

（2）长时间交流感应电压试验；

（3）雷电波冲击试验；

（4）操作波冲击试验；

（5）带有 PD 测量的直流电压耐压试验；

（6）带有 PD 测量的直流极性反转试验；

（7）交流电压耐压试验；

（8）独立电源耐压试验；

（9）长时间交流感应电压试验。

2.4.1.1　本体型式试验

2.4.1.1.1　短时感应过电压试验

试验电压依据技术参数确定。短时感应过电压试验应该按照 IEC60076-3/Clause 12 标准进行。星型连接绕组的中性点应该接地。

2.4.1.1.2　油流充电试验

所有的泵都应该投入运行 4 小时，在此期间应持续测量中性点及铁芯对地的泄漏电流，并监控局部放电信号。

局部放电试验应该在泵运行的时候进行。试验电压为 $1.5U_m/\sqrt{3}$，并保持 30 分钟。在此期间，局部放电水平的测量应持续进行。比起泵不运行时的测量结果，局部放电水平应该不会有明显的变化，油中应该没有乙炔气体。

2.4.1.1.3　噪音水平试验

噪音水平试验应该按照 IEC 60551 标准进行。试验进行时冷却的所有风扇都以额定速度运行，换流变压器应在主分接头充有额定电压等级的正弦电压。

2.4.1.1.4　有载调压分接头试验

（1）触头温升试验，应该按照 IEC60214/Clause 8.1 标准进行。

（2）开关试验，应该按照 IEC60214/Clause 8.2 标准进行。

（3）短路电流试验，应该按照 IEC60214/Clause 8.3 标准进行。

（4）过渡电阻试验，应该按照 IEC60214/Clause 8.4 标准进行。

（5）机械试验，应该按照 IEC60214/Clause 8.5 标准进行。

（6）绝缘试验，应该按照 IEC60214/Clause 8.6 标准进行。

2.4.1.1.5　OLTC 电机驱动装置机械性试验

（1）机械载荷试验，应该按照 IEC60214/Clause 12.1 标准进行。

（2）膨胀率试验，应该按照 IEC60214/Clause 12.2 标准进行。

（3）电机驱动装置柜保护精度试验，应该按照 IEC60214/Clause 12.3 标准进行。

2.4.1.1.6　电流互感器试验

电流互感器的型式试验应该按照 IEC60044-1/Clause 7 标准进行。

2.4.1.2　套管型式试验

2.4.1.2.1　概述

套管的绝缘试验应按如下顺序进行：

（1）介损和电容的测量；

（2）干态雷击脉冲试验；

（3）干态或湿态操作脉冲试验；

（4）干态或湿态工频耐压试验；

（5）带有局部电容测量的直流电压耐压试验；

（6）带有局部电容测量的直流极性反转试验；

（7）局部放电测量；

（8）介损和电容的测量；

（9）末屏绝缘试验。

2.4.1.2.2 雷电波冲击耐压试验（干态）

该试验应该按照 IEC60137/Clause 7.2 标准进行。

2.4.1.2.3 操作波冲击耐压试验（干态或湿态）

户外套管操作波冲击耐压试验应该按照 IEC60137/Clause 7.3 标准进行。该试验应用于交流套管。试验用水应满足 IEC60060-1/Clause 9.1 标准所规定的要求。

2.4.1.2.4 工频耐压试验（干态）

该试验除了试验电压应该以持续 60 分钟代替常规试验的 60 秒外，PD 测量还应每隔 5 分钟进行一次。

2.4.1.2.5 工频耐压试验（湿态）

该试验应该按照 IEC60137/Clause 7.1 标准进行。该试验应用于中性套管。试验用水应满足 IEC60060-1/Clause 9.1 标准所规定的要求。

该试验不能应用于阀侧套管，阀侧套管应在干态下进行。

2.4.1.2.6 液体绝缘套管的紧固试验

该试验应该按照 IEC60137/Clause 7.9 标准进行。

2.4.1.2.7 气体绝缘套管的紧固试验

该试验应该按照 IEC60137/Clause 7.8 标准进行。

2.4.1.2.8 温升试验

温升试验应该按照 IEC60137/Clause 7.5 标准进行。

试验电流为交流 50Hz，应该考虑换流器运行时的谐波影响。

试验期间的环境温度应在 10~40℃。

2.4.1.2.9 悬臂耐重试验

该试验应该按照 IEC60137/Clause 7.7 标准进行。作为一种可能的选择，厂家可能会提议进行一项由电力部门核实的瓷瓶弯曲试验。

2.4.2 常规试验

常规试验指的是在制造厂进行的例行试验。该试验在 IEC60076-1/Clause 10.1 规定的条件下执行。其绝缘试验应该依据 IEC 60076-3 标准执行。如果不考虑装置的设计电压，应该采用最大电压 U_m 在 300kV 及以上装置的试验程序。

功能试验将在安装附件后进行。

试验在室温条件下进行。损耗和电阻的所有结果都应折算到 80℃时的情形。负载电流试验应该在绝缘试验之前进行。

绝缘试验应按照如下顺序执行：

（1）长时间交流感应电压试验；

（2）雷电波冲击试验；

（3）操作波冲击试验；

（4）带有 PD 测量的直流电压耐压试验；

（5）带有 PD 测量的直流极性反转试验；

（6）交流电压耐压试验；

（7）独立电源耐压试验；

（8）长时间交流感应电压试验；

所有换流变压器油样中的气体应按如下方式取出：

（1）油样试验应该在换流变压器充油之后、运行之前进行；

（2）取油样应该在绝缘试验开始之前进行；

（3）第二次取油样应该在绝缘试验完毕后立即进行；

（4）进行长时间励磁试验、温升试验或负载电流试验时，在试验中应该取油样，油样气体分析试验结果应该在分送给各单位之前提交给业主审核批准。

2.4.2.1　本体常规试验

2.4.2.1.1　温升试验

在相同条件、稳态条件下建立顶部温升，稳态条件中包含有换流变压器额定正弦电压、非正弦负载电流和实际运行条件下总损耗的负载。

温升试验应该在最大持续电流为 1.0p.u. 的情况下进行。在正常情况下该试验应该依照 IEC 60076-2/Clause 5 规定执行。

一旦温升建立稳定，温度变化在一小时内不会超过一度，为了进行顶部油温测量，该试验将至少持续 12 个小时。12 小时后将进行 1 小时满负荷电流（50Hz）运行。在此期间将进行油温和冷却器测量。

油样气体分析应该在温升试验结束之前 4 个小时的间隔期内进行，其目的是为了探测由于杂散漏磁通或临近绕组金属部分的感应电流而引起的局部过热。该试验的评估将按照 IEC 60567 标准执行，其试验结果将按照 IEC 60599 标准进行说明。

换流变压器本体温度同样进行测量。

2.4.2.1.2　绕组阻抗测量

按照 IEC 60076-1/Clause 10.2 标准，绕组阻抗的测量应该在所有分接头中进行。各相绕组直流阻抗的偏差应该在所有相同设计的换流变压器绕组直流阻抗均值 2% 的误差范围内。

2.4.2.1.3　铁芯绝缘测量

铁芯与地之间的绝缘试验应该在厂家和换流站第一次充电前用 3kV 直流电和 2.5kV 交流电进行。其绝缘水平在 1 分钟之后至少应有 500kΩ。

2.4.2.1.4　压力和真空试验

充满油的换流变压器应该进行油泄漏和应力试验。在室温条件下，24 小时内换流变压器油箱顶部的压力应不小于 50kPa。

2.4.2.1.5　变比和极性试验

变比和极性试验应该根据 IEC 60076-1/Clause 10.3 标准进行。

2.4.2.1.6　短路电阻和负载损耗测量

短路电阻和负载损耗的测量应该按照 IEC 60076-1/Clause 10.4 标准，在平均绕组温度为 80℃，电流为额定电流的 70%—100% 时进行。其测量的是阀侧短路电阻。

2.4.2.1.7　空载损耗和电流测量

空载损耗和电流测量应该按照 IEC 60076-1/Clause 10.5 标准进行。其测量应该在主分接头电压为额定电压的 80%、90%、100%、110%、115% 时进行，如果可能，也应在电压为额定电压 120% 的条件下进行。所有电压下的波形因素都应记录下来。

2.4.2.1.8　独立电源耐压试验

独立电源耐压试验应该按照 IEC 60076-3/Clause 11 标准进行。

2.4.2.1.9　长时间感应交流电压试验

感应电压耐压试验的目的主要是为了证明绕组线圈之间的完全非传导性。线圈与线圈、线圈与大地之间的完全非传导性可以通过进行电压试验进行核实。该试验程序将按照 IEC60076-3/Clause12.4 标准进行。

在感应电压试验之前，建议将换流变在 $1.1U_m$（网侧绕组）电压和额定频率下充电 1 个小时，目的是消除以前直流电压试验时所产生的残余直流电荷。在 1 小时内，最大允许局部放电量不应超过 300pC。

2.4.2.1.10　带有局部放电脉冲（PD）测量的直流耐压试验

该试验依据 IEC61378-2 标准进行。试验电压所依据的相关公式如下：

$$U_{dc}=1.5\times\left[(N-0.5)\times U_{dmax}+0.7\times U_{V0max}\right]$$

其中，N 表示在零电位启动时的 6 脉冲桥数目；U_{dmax} 表示通过一个 6 脉冲桥的最大持续直流电压；U_{v0max} 表示阀侧绕组空载时最大持续相电压有效值。

直流试验电压采用正极性，并应用到阀侧绕组。以不高于 50％ 的试验电压启动，然后在 1 分钟内将电压升到 100％。120 分钟后该试验结束。

在试验之前，所有的套管均应接地至少 2 个小时。在试验时油温应保持在 +10℃ 到 +30℃ 之间。根据 IEC60270/Clause 9 标准，在整个试验期间局部放电脉冲（PD）应该进行测量和记录。根据试验结果考虑是否可接受，如果在试验的最后 30 分钟里有不足 30 次脉冲大于 2000pC，在试验的最后 10 分钟里有不足 10 次脉冲大于 2000pC，则我们无须再进行局部放电试验了。如果在试验的最后 30 分钟里的脉冲次数超过 30，或在试验的最后 10 分钟里的脉冲次数超过 10，那么为期 120 分钟的试验需要再延时 30 分钟。只有当 30 分钟内的脉冲次数少于 30 或 10 分钟内的脉冲次数少于 10 时，该试验结果方可接受。

当没有故障发生时，除非极高的放电情况持续很长一段时间，该试验都被认为是非破坏性的。如果出现了一个符合局部放电判断标准的异常情况，不会因此马上认为变压器有故障，但是应引起买方和厂家之间关于进一步调查的磋商。

进行电压试验时建议在换流变本体上安装超声换能器。该换能器能帮助辨别是内部放电还是外部放电。

在整个试验期间，所有的电气信号和声音信号均应予以记录。

2.4.2.1.11　带有局部放电脉冲（PD）测量的直流极性反转试验

该试验依据 IEC61378-2 标准进行。试验电压所依据的相关公式如下：

$$U_{dc}=1.25\times\left[(N-0.5)\times U_{dmax}+0.35\times U_{v0max}\right]$$

其中，N 表示在零电位启动时的 6 脉冲桥数目；U_{dmax} 表示通过一个 6 脉冲桥的最大持续直流电压；U_{v0max} 表示阀侧绕组空载时最大持续相电压有效值。

本试验在阀侧绕组进行。在试验之前，所有的套管均应接地至少 2 个小时。

试验时应采用下列试验顺序：

（1）使用负极性电压试验，为期 90 分钟；

（2）改变极性，维持该电压 90 分钟；

（3）再次改变极性，维持该电压 45 分钟；

（4）将电压降至 0。

每次极性反转应在 1 分钟之内完成。

根据 IEC60270/Clause 9 标准,在整个试验期间局部放电脉冲(PD)应该进行测量和记录。根据试验结果考虑是否可接受,如果在试验期间的任何 10 分钟里有不足 10 次脉冲大于 2000pC,则无须再进行局部放电试验。因为在极性反转期间,局部放电是正常的,在极性反转的第 1 分钟和试验开始后的第 1 分钟内所产生的局部放电可以忽略不计。但是超过 500pC 的脉冲还是应该记录一下。

当没有故障发生时,除非极高的放电情况持续很长一段时间,该试验都被认为是非破坏性的。如果出现了一个符合局部放电判断标准的异常情况,不会因此马上认为变压器有故障,但是应引起买方和厂家之间关于进一步调查的磋商。

进行电压试验时建议在换流变本体上安装超声换能器。该换能器能帮助辨别是内部放电还是外部放电。

2.4.2.1.12　交流电压耐压试验

该试验的目的是为了试验极性反转期间油传输管道的耐压能力。

试验电压所依据的相关公式如下:

$$U_{dc}=1.5\times\sqrt{2}\left[(N-0.5)\times U_{dmax}+\sqrt{3/2}\times U_{V0max}\right]$$

其中,N 表示在零电位启动时的 6 脉冲桥数目;U_{dmax} 表示通过一个 6 脉冲桥的最大持续直流电压;U_{V0max} 表示阀侧绕组空载时最大持续相电压有效值。

交流电压耐压试验在阀侧绕组终端和地之间进行。试验时间为 60 分钟。

在试验之前,所有的套管均应接地至少 2 个小时。

根据 IEC60270/Clause 9 标准,在整个试验期间局部放电脉冲(PD)应该进行测量和记录。如果在 60 分钟的试验期间,局部放电脉冲(PD)少于 300pC,则表明换流变压器已通过试验。

当没有故障发生时,除非极高的放电情况持续很长一段时间,该试验都被认为是非破坏性的。如果出现了一个符合局部放电判断标准的异常情况,不会因此马上认为变压器有故障,但是应引起买方和厂家之间关于进一步调查的磋商。

2.4.2.1.13　雷电波冲击试验

根据 IEC60076-3/Clause 13 和 14 标准,网侧 HV 终端和阀侧终端均应进行雷电波冲击试验。根据 IEC60076-3/Clause 13.3.2 标准,网侧中性线终端也应进行雷电波冲击试验。

未进行雷电波冲击试验的终端都应接地。

2.4.2.1.14　操作波冲击试验

根据 IEC60076-3/Clause 15 标准,操作波冲击试验应在网侧绕组使用负极性电压进行。

2.4.2.1.15 操作波冲击电压试验

该试验应在阀侧绕组终端和地之间进行。网侧绕组应该接地，操作波冲击应采用负极性电压进行。

2.4.2.1.16 介损和电容测量

换流变介损和电容测量应在完全安装好、充满油的换流变压器中，在绕组和地之间，以及绕组和绕组之间进行。这些测量值和油温一起都应写入试验报告中。

2.4.2.1.17 油样试验

油样试验应按照 IEC60567 标准进行。包含有在室温和 100℃ 下的介质损耗因素和电阻系数、绝缘强度、含水量、油中的溶解气体及颗粒度。

2.4.2.1.18 谐波损耗试验

谐波损耗试验应根据 IEC61378-2/Clause 7.4 和 10.3 标准在主分接头和两个极性分接头上进行。应测量负载损耗。

生产厂家将依据换流器运行情况，基于电力企业所给定的负载电流谐波范围计算出换流器的负载损耗。

2.4.2.1.19 偏振指标

偏振指标应该进行测量。

2.4.2.1.20 1 小时励磁测量

在所有的绝缘试验完毕之后，应在原始励磁电流试验条件下对换流变进行 1 小时励磁损耗试验。

开始时将 110% 的额定电压加到换流变上工作 1 小时，然后分别测量在额定电压 110% 和 100% 时的损耗。100% 电压下的测量损耗值将用来估算额定损耗值。如果额定电压下的励磁损耗超过原始励磁损耗的 4%，在换流变检查处理之前一定要获得厂家的同意。

2.4.2.1.21 长时间空载试验

在正常潜油泵数量运行条件下，将 1.1 倍的额定电压施加到换流变上，并保持 12 个小时。在试验前后，如果油中含有乙炔是不能接受的，只有当 CH_4、C_2H_6 和 C_2H_4 的含量无明显改变以及无噪音和局部放电信号时才能接受。

2.4.2.1.22 有载调压分接头试验

（1）运行试验，应该按照 IEC60076-1/Clause 10.8.1 标准进行。

（2）机械试验，应该按照 IEC60214/Clause 9.1 标准进行。

（3）顺序操作试验，应该按照 IEC60214/Clause 9.2 标准进行。

（4）辅助回路绝缘试验，应该按照 IEC60214/Clause 9.3 标准进行。

（5）压力和真空试验，应该按照 IEC60214/Clause 9.4 标准进行。

2.4.2.1.23　OLTC 电机驱动装置试验

（1）机械性能试验，应该按照 IEC60214/Clause 13.1 标准进行。该试验首先应该在最高电压下进行，然后在最低电压下进行。

（2）辅助回路绝缘试验，应该按照 IEC60214/Clause 13.2 标准进行。

2.4.2.1.24　电流互感器试验

（1）端子标记核对，应该按照 IEC60044-1/Clause8.1 标准进行。

（2）二次绕组工频试验，应该按照 IEC60044-1/Clause8.3 标准进行。

（3）内部绝缘试验，应该按照 IEC60044-1/Clause8.4 标准进行。

（4）误差测定，TPY 级电流互感器的铁芯稳态误差试验及相位试验应该按照 IEC60044-6/Clause7.2.2 标准进行。

（5）二次绕组阻抗（R_{ct}）测定，应该按照 IEC60044-6/Clause7.2.3 标准进行。

（6）二次励磁特性测定，应该按照 IEC60044-6/Clause7.2.4 标准进行。

（7）剩磁系数（K_r）测定，应该按照 IEC60044-6/Clause7.2.5 标准进行。

（8）二次回路时间常数（T_s）计算，应该按照 IEC60044-6/Clause7.2.6 标准进行。

此外，还有杂散电容测量、频率响应分析等，不作详述。

2.4.2.2　套管常规试验

2.4.2.2.1　概述

在每个套管中，以下所有的试验都应该进行。绝缘试验应该遵循如下顺序：

（1）介损和电容的测量；

（2）雷电波冲击试验（干态）；

（3）工频耐压试验（干态）；

（4）带有局部放电测量的直流耐压试验（仅用于阀侧套管）；

（5）带有局部放电测量的直流极性反转试验（仅用于阀侧套管）；

（6）局部放电能量测量；

（7）介损和电容测量；

（8）末屏绝缘试验。

2.4.2.2.2　介损和电容测量

介损和电容测量应按照 IEC60137/Clause 8.1 标准进行。

2.4.2.2.3　工频耐压试验（干态）

干态工频耐压试验应按照 IEC60137/Clause 8.3 标准进行。

2.4.2.2.4　局部放电能量测量

局部放电能量测量应按照 IEC60137/Clause 8.4 标准进行。

试验电压等级见附录的电气参数，其所依据的相关公式如下：

$$U_{dc} = 1.5 \times \sqrt{2} \left[(N-0.5) \times U_{dmax} + \sqrt{3/2} \times U_{V0max} \right]$$

根据 IEC60270 标准，在整个试验期间局部放电脉冲（PD）应该进行测量。PD 等级不应超过 5pC。

2.4.2.2.5　末屏绝缘试验

末屏绝缘试验应按照 IEC60137/Clause 8.5 标准进行。

2.4.2.2.6　液体绝缘套管的紧固试验

液体绝缘套管的紧固试验应按照 IEC60137/Clause 8.7 标准进行。

2.4.2.2.7　气体绝缘套管的紧固试验

气体绝缘套管的紧固试验应按照 IEC60137/Clause 8.8 标准进行。

2.4.2.2.8　雷电波冲击耐压试验（干态）

雷电波冲击耐压试验（干态）应按照 IEC60137/Clause 8.2 标准进行。

2.4.2.2.9　带有 PD 测量的直流耐压试验

直流耐压试验的试验电压应该比换流变的相应试验电压高出 15％。

将正极性交直流电压施加给导电套管。该试验将持续 120 分钟。如果该套管能经受住所要求的试验电压并满足局部放电要求，则可以考虑该试验通过。如果在套管绝缘封装表面发生闪络，则该试验需再次进行。如果在再次试验的过程中，仍然发生闪络现象，则认为该套管已经损坏。

根据 IEC60270/Clause 9 标准，在整个试验期间应该进行局部放电脉冲（PD）测量。当试验的最后 30 分钟里，有不多于 7 次大于 2000pC 的脉冲产生时，其结果可接受，无须再做进一步的试验。如果多余 7 次的话，则须将该试验再进行 30 分钟。在这增加的 30 分钟里，如果不多于 7 次的话，该套管可以接收。与试验结果无关的脉冲应该忽略不计。

2.4.2.2.10　带有 PD 测量的直流极性反转试验

直流耐压试验的试验电压应该比换流变的相应试验电压高出 15％。

试验时应采用下列试验顺序：

（1）使用负极性电压试验，为期 90 分钟；

（2）改变极性，维持该电压 90 分钟；

（3）再次改变极性，维持该电压 45 分钟；

（4）将电压降至 0。

如果可能的话，每次极性反转应在 1 分钟之内完成，限定在 2 分钟之内。

如果该套管能经受住所要求的试验电压并满足局部放电要求，则可以考虑该试验通过。如果在套管绝缘封装表面发生闪络，则该试验须再次进行。如果在再次试验的过程中，仍然发生闪络现象，则认为该套管已经损坏。

根据 IEC60270/Clause 9 标准，在整个试验期间局部放电脉冲（PD）应该进行测量。当试验的最后 30 分钟里，有不多于 7 次大于 2000pC 的脉冲产生时，其结果可接受，无须再做进一步的试验。因为在极性反转期间，局部放电是正常的，所有的脉冲都会产生放电。与试验结果无关的脉冲应该忽略不计。

2.4.3 交接试验

变压器交接试验是指变压器安装以后，交付投运前所进行的试验。试验目的：（1）检验变压器安装后的质量状况；（2）建立变压器长期运行的比较基准。变压器的交接试验必须依据 GB50150-91 电气装置安装工程电气设备交接试验标准规定严格进行。

交接试验的程序：

（1）性能参数测定，其中包括直流电阻、变压比测定，以及检查连接线组别和极性。

（2）绝缘性能试验，其中包括绝缘电阻、tanδ、直流泄漏电流测定和绝缘油试验。

（3）绝缘耐压试验，其中包括交流耐压试验和局部放电试验。

（4）试运行试验，其中包括有载调压开关检查、冲击合闸试验、声级测定级绝缘油中溶解气体的色谱分析。

2.4.3.1 本体交接试验

2.4.3.1.1 绕组的绝缘电阻、吸收比、极化指数测量

绝缘电阻指自加压开始至 60s 时读取的仪表的指示值，吸收比指 60s 和 15s 时的绝缘电阻之比，极化指数指 10min 的绝缘电阻与 1min 的绝缘电阻之比（R_{10min}/R_{1min}）。

测量绝缘电阻、吸收比和极化指数的一般规定：

（1）其试验规定在油温 10~40℃范围内进行，湿度在 80% 以下。

（2）要求绝缘电阻大于 10000MΩ，或吸收比大于 1.3，或极化指数大于 1.5。

（3）进行高压对中压 / 低压 / 地、中压对高压 / 低压 / 地、低压对高压 / 中压 / 地测试。其中中压对高压 / 低压 / 地允许三相连在一起进行，其他均分相进行。

（4）试验前要先行放电，两次测量间隔在 10 分钟以上。

2.4.3.1.2　绕组的直流电阻测量

试验目的：检查调压开关各位置接触是否良好；检查绕组或引出线有无折断；检查并联支路的正确性以及层、匝间有无短路现象。

试验注意事项：在试验过程中电源绝对不能突然切断；试验结束时，须等放电完成才能拆线。

2.4.3.1.3　绕组连同套管的泄漏电流测量

试验目的：判断绝缘电阻的情况。

试验原理：在一定电压下绝缘的伏安特性 $i=f（u）$ 应近似于直线；当绝缘有缺陷或受潮的现象存在时，则漏导电流急剧增大，使伏安特性不再为一直线。

试验中，当测量结果异常，应进行原因分析，做出反应：

（1）当测量结果非常小甚至为零时，应检查屏蔽线与芯线是否短接。

（2）当测量结果偏大时，应确认高压线与瓷瓶间距离，检查微安表是否损坏，在确认无误情况下，再在套管表面装设屏蔽线以消除表面泄漏电流。

（3）只有确认没有异常因素影响到测量结果，方可确认被测绝缘体泄漏电流偏大。

（4）若指针向大的方向突然冲击，或指针随时间逐渐增大时，一般情况下应立即降低电压，停止试验，以防被试设备击穿。

2.4.3.1.4　绕组连同套管的介质损耗

试验方法：对变压器本体介损的接法全部采用反接法，其接线方式为高压对中压、低压、地；中压对高压、低压、地；低压对高压、中压、地。中压绕组三相一起进行，其余测量分相进行。在测量某一绕组介质损耗时，其余所有绕组应全部可靠接地。

试验分析：在分析判断中 $\tan\delta$ 的大幅度增加和减小都属于异常情况，应进行原因分析。另外，电容量的变化也应引起重视，电容量增大的原因有受潮及屏间短路，电容量减小的原因有可能是缺油。

2.4.3.1.5　铁芯的绝缘电阻

使用 1000V 兆欧表（摇表）进行测量。铁芯和夹件的绝缘电阻要分开进行测量。

2.4.3.1.6　检查所有分接头的变压比

额定分接头电压比误差不大于 ±0.5%，其他电压分接比误差不大于 ±1%，与制造厂铭牌数据相比应无明显差别。

2.4.3.1.7　检查变压器的三相接线组别和单相变压器引出线的极性

变压器的三相接线组别和单相变压器引出线的极性应符合设计要求，并与铭牌上的标记和外壳上的符号相符。

2.4.3.1.8　绕组连同套管的交流耐压试验

交接试验的工频耐压试验应该在其他试验和其他绝缘试验合格后进行。试验电压的测量，应以高压侧测量的读数为准。只有当被测电压为正弦波时，才可以直接用静电电压表读数乘分压比来测定试验电压值。

2.4.3.1.9　绕组连同套管的局部放电试验

（1）电压等级为 500kV 的变压器宜进行局部放电试验。电压等级为 220kV 及 330kV 的变压器，在有试验设备时宜进行局部放电试验。

（2）局部放电试验方法，实际视在放电量的限值以及放电量超出限值的判断和处理方法，均按照 GB1094-85《电力变压器》标准中有关规定进行。

2.4.3.1.10　有载调压开关的检查和试验

要注意检验的可靠性：（1）切换装置的可靠性；（2）有载调压开关整体功能的可靠性；（3）控制系统的可靠性。

2.4.3.1.11　检查相位

变压器的相位应与电网相位一致。

2.4.3.1.12　测量噪声

按照 GB50150-91 标准规定，电压等级为 500kV 的变压器的噪声，应在额定电压及额定频率下测量，噪声值一般不应大于 80dB（A）。测量噪声的目的是保证变压器运行中的噪声满足当地环境的要求。

试验必须在现场背景噪声低于被测变压器最大噪声值的条件下才能进行，否则试验无意义。

2.4.3.1.13　额定电压下的冲击合闸试验

冲击合闸试验有以下规定：

（1）交接试验时，冲击合闸应进行 5 次；

（2）每次合闸的间隔时间为 5min，无异常现象；

（3）冲击合闸宜在变压器高压侧（距铁芯最远的绕组）进行；

（4）对中性点接地的电力系统，试验时变压器中性点必须接地；

（5）中间连接无操作断开点的变压器，可不进行冲击合闸试验。

2.4.3.1.14　绝缘油试验

1. 溶解气体色谱分析

（1）运行中特征气体含量（μL/L）超过下列任何一项值时应引起注意：

总烃 150；氢气 150；乙炔 1。

（2）总烃绝对产气率 ≥ 12mL/d（全密封）、6mL/d（开放式）或相对产气率大于 10%/ 月时，则认为设备有异常。

2. 绝缘油试验

试验项目有：击穿电压、介质损耗角 tanδ、水分、油中含气量、凝点、水溶性酸 pH 值、酸值、闪点、界面张力、体积电阻率、外观检查等。

2.4.3.2 套管交接试验

按照 GB50150-91 标准规定，套管的交接试验项目如下：

（1）测量绝缘电阻。套管主绝缘的绝缘电阻，按照 DL/T596-1996 标准规定，使用 2500V 绝缘摇表测量，要求主绝缘电阻值不低于 10000MΩ。

（2）测量介质损耗。

（3）交流耐压试验。套管可以和变压器一起进行交流耐压，交接试验的试验电压约为出厂试验电压的 85％。对于变压器套管，做交流耐压试验时要注意：

1）在交接试验中，一般应结合绕组的交流耐压试验一并进行。

2）如要单独对变压器套管做交流耐压试验，则必须将油侧瓷套浸在合格油中进行。盛油容器的容积应足够大，以保证试验时套管的导电体不对盛油容器发生油间隙击穿。

2.4.4 预防性试验

换流变预防性试验是指对已投入运行的换流变按规定的试验条件（如规定的试验设备、环境条件、试验方法和试验电压等）、试验项目、试验周期所进行的定期检查或试验，以发现运行中换流变的隐患，预防发生事故或设备损坏。它是判断换流变能否继续投入运行并保证安全运行的重要措施。

2.4.4.1 本体预防性试验

2.4.4.1.1 绕组的绝缘电阻、吸收比、极化指数

进行以上项目的测量的目的是：（1）检查是否存在贯穿性缺陷；（2）是否存在整体受潮。

测量时的注意事项如下：

（1）其试验规定在油温 10~40℃范围内进行，湿度在 80% 以下。

（2）要求绝缘电阻大于 10000MΩ，或吸收比大于 1.3，或极化指数大于 1.5。

（3）试验时选用 5000V 兆欧表。

（4）进行高压对中压 / 低压 / 地、中压对高压 / 低压 / 地、低压对高压 / 中压 / 地测试。其中中压对高压 / 低压 / 地允许三相连在一起进行，其他均分相进行。

（5）试验前要先行放电，两次测量间隔在 10 分钟以上。

2.4.4.1.2　绕组的直流电阻

试验目的：检查调压开关各位置接触是否良好；检查绕组或引出线有无折断；检查并联支路的正确性以及层、匝间有无短路现象。

试验注意事项：主要是在试验过程中电源绝对不能突然切断。试验结束时，等放完电以后才能拆线。

2.4.4.1.3　绕组连同套管的泄漏电流测量

试验目的：判断绝缘电阻的情况。

试验原理：在一定电压下绝缘的伏安特性 $i=f(u)$ 应近似于直线，当绝缘有缺陷或受潮的现象存在时，则漏导电流急剧增大，使伏安特性不再为一直线。

试验中，当测量结果异常，应进行原因分析，做出反应：

（1）当测量结果非常小甚至为零时，估计是屏蔽线与芯线短接。

（2）当测量结果偏大时，应确认高压线与瓷瓶间距离，检查微安表是否损坏，在确认无误情况下，再在套管表面装设屏蔽线以消除表面泄漏电流。

（3）只有确认没有异常因素影响到测量结果，方可确认被测绝缘体泄漏电流偏大。

（4）若指针向大的方向突然冲击，或指针随时间逐渐增大时，一般情况下应立即降低电压，停止试验，以防被试设备击穿。

2.4.4.1.4　绕组连同套管的介损

试验方法：对变压器本体介损的测量全部采用反接法，其接线方式为高压对中压、低压、地；中压对高压、低压、地；低压对高压、中压、地。中压绕组三相一起进行，其余测量分相进行。在测量某一绕组介质损耗时，其余所有绕组应全部可靠接地。

试验分析：在分析判断中 tanδ 的大幅度增加和减小都属于异常情况，应进行原因分析。另外，电容量的变化也应引起重视，电容量增大的原因有受潮及屏间短路，电容量减小的原因有可能是缺油。

2.4.4.1.5　铁芯的绝缘电阻

使用 1000V 兆欧表（摇表）进行测量。

铁芯和夹件的绝缘电阻要分开进行测量。

变压器的接地应在适当时给予检查，以保证绝缘性能。

2.4.4.1.6　绝缘油试验

溶解气体色谱分析的周期为：

正常运行每 3 个月；新设备及检修投运后的 1、4、10、30 天；在线监测装置报警时。

判断标准：

（1）运行中特征气体含量 (μL/L) 超过下列任何一项值时应引起注意：

总烃 150；氢气 150；乙炔 1。

（2）总烃绝对产气率 ≥ 12mL/d（全密封）、6mL/d（开放式）或相对产气率大于 10% / 月时，则认为设备有异常。

2.4.4.2　套管预防性试验

对套管介损的测量采用正接线方式，接线方式为高压对末屏。末屏对地只检查绝缘电阻，在绝缘偏低时（即小于 1000MΩ）才测量其介损。

加压时务必将同一绕组的两个线套短接。在测其中一个末屏时，其余末屏必须可靠接地。另外，在测某一绕组时，其余绕组必须牢固可靠接地。

试验分析：在分析判断中 tanδ 的大幅度增加和减小都属于异常情况，应进行原因分析。另外，电容量的变化也应引起重视，电容量增大的原因有受潮及屏间短路，电容量减小的原因有可能是缺油。

2.4.5　常规检修项目

2.4.5.1　套管

2.4.5.1.1　油套管

油套管是免维护的，常规的检查项目为检查和记录套管油位、套管绝缘子表面清扫。

1. 油位的检查和调节

套管有两个油位玻璃窗，20℃的油位在两个玻璃窗之间。带磁感应油位计的套管能够显示最低油位值。正常油位和高温油位都在指示计刻度以上。如果油位太低，需要加干净清洁的变压器油。只有当套管温度在 5℃ 与 35℃ 之间时才允许调节油位。检查后，要求更换密封塞垫圈，密封塞用力矩扳手拧紧。

注意：一般情况下不允许取套管油样或打开套管。套管的密封和拧紧试验是在厂里进行的。取油样就必须要打开套管，这样的话取完油样后，有可能密封不好。然而，如果知道设备的故障，如电容值超标或有可见的渗漏，就需要取油样进行气体分析或检查油位。

2. 清洁绝缘子表面

注意在套管垫圈和瓷接头上不能有清洗剂。在污染极其严重的情况下，需要清洁瓷绝缘子表面。清洁时用水喷或用湿抹布抹，必要时，可以用酒精。

3. 红外测温检查接头过热

最大额定电流时，通常套管外端子的温度比环温高 35℃ 到 45℃。出现过高的温度，尤其是在较低的电流负载情况下，则表明接头损坏。

4. 渗漏检查

检查是否有渗漏油，若有，查明原因并处理。

2.4.5.1.2 硅橡胶套管

1. 清洁绝缘子表面

在污染极其严重的情况下，需要清洁硅橡胶绝缘子表面。清洁时用湿抹布抹，必要时可以用酒精。三氯乙烯，甲（基）胆蒽由于有伤害性和对环境的危害不推荐使用。

2. 红外测温检查接头过热

最大额定电流时，通常套管外端子的温度比环温高 35℃到 45℃。出现过高的温度，尤其是在较低的电流负载情况下时，则表明接头损坏。

3. 渗漏检查

检查是否有渗漏油，若有，查明原因并进行处理。

2.4.5.1.3 干式套管

1. 清洁绝缘子表面

注意在套管垫圈和瓷接头上不能有清洗剂。在污染极其严重的情况下，需要清洁瓷绝缘子表面。清洁时用水喷或湿抹布抹，必要时，可以用酒精。

2. 红外测温检查接头过热

最大额定电流时，通常套管外端子的温度比环温高 35℃到 45℃。出现过高的温度，尤其是在较低的电流负载情况下时，则表明接头损坏。

3. 末屏放电检查

检查末屏是否存在放电或异常声响，定期进行检查。

4. 电压测量装置受潮检查

检查电压测量装置是否密封性良好，内部清洁、干净。

2.4.5.2 冷却器

2.4.5.2.1 检查

（1）电动机／风扇。在运行时应没有异常声音和震动，如有，可能是由电动机轴承或齿轮损坏引起的。对电机和风扇齿轮进行检查时要取下安全保险。

（2）固定装置。检查所有螺丝都已紧固。

（3）电气连接。检查安全开关功能正常无损坏。

（4）散热器器身。检查器身清洁无损坏。

2.4.5.2.2 清洗散热器

如有必要，应用高压水枪清洗散热片。清洗时注意水枪朝空气流动的反方向喷射，以免喷到风扇电源插头。

首先将水枪的水压调到最低，冲洗整个冷却器。大约冲洗 10 分钟后用高压水冲洗。注意一定要保持正确的角度冲洗，喷头离冷却器的距离大于 150mm，若距离不当会使清洗的污渍流进扇叶导致腐蚀。

清洗遗留的清洗剂会造成再次污染和对设备的腐蚀，应清洗干净。变形的散热片应使用专用工具梳直。

2.4.5.2.3 风扇电机保养

风扇电机设计在 40℃ 下运行 25000 小时，在 20℃ 下运行 40000 小时。电机使用的轴承应加润滑脂，润滑脂的寿命在 40℃ 温度下大约为 5 年，超过 5 年需要更换。

风扇电机的环境温度较高时，应该使用耐热润滑脂。

假如电机有异常声音，应更换电动机轴承润滑脂，倘若不更换会导致电源开关跳闸。

2.4.5.3 潜油泵

泵电机直接由变压器油进行冷却和润滑，不需要特别的维护，只需要查明无油泄漏。

电机轴承的噪声需要通过耳听进行周期性的检查，在运行 35000 小时（最大 5 年）后，每年检查 1 次，轴承损坏后应立即更换。

2.4.5.4 有载调压开关

2.4.5.4.1 电机驱动机构

在变压器运行状态下，对储油柜和电机驱动机构每年进行一次外观的检查。

电机驱动机构主要检查：电动机和计数器，加热器，计数器的数值。

储油柜主要检查：油位，吸湿器。

其中一些检查和保养方法如下。

1. 有载调压开关和驱动轴系统的润滑

检查连接情况，松开软管并同时推开防护管，检查伞齿轮情况，打开盖板。检查后如有必要，则用润滑油润滑，推荐采用 GULF-718EP 合成润滑油，如 Mobilgrease 28、shell-Aero Grease22 或类似产品。盖上盖板（确定密封垫在适当的位置上）。

2. 计数器的检查

计数器在挡位上升和下降时都应工作正常。随着挡位指示器的上升（下降），计数器对每一次操作都会计数一次。计数器的值显示了有载调压开关动作的次数。

3. 呼吸器硅胶更换

硅胶吸湿后，可以观察到从下到上硅胶的颜色逐渐变成明亮的棕色，当超过 3/4 的硅胶变色后，就必须更换硅胶了，一般在换流变温度逐渐升高的情况下更换硅胶（比如上午），由于此时气流的方向向外，不会有潮湿的气体进入换流变。更换下的硅胶干燥后可以重复使用。清空呼吸器的步骤如下（参照图 2-19）。

松开螺母 12，拆下垫片 11 和油封，松开螺丝 13，吊下呼吸器，并垂直地放到耦合的木制构架上。

在安装呼吸器时，确定塑料玻璃缸的位置处在正中，并且垫圈也在正确的位置。将密封盒清洗干净（使用甲基化酒精）。

密封盒内按照线 10 充满变压器油。

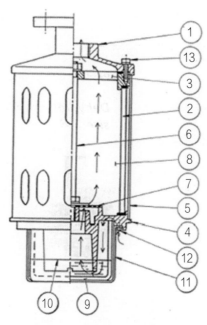

图 2-19　呼吸器内部结构

如果在玻璃缸顶部端的硅胶变色，说明水分进入了气体通道。为了阻止这种情况的出现，呼吸器和变压器中所有的垫圈都必须进行调节，并且呼吸器和变压器之间的管道连接都要进行检查。推荐紧固盖子和用聚四氟乙烯或垫圈密封管道螺丝。

4. 加热器的检查

用手指感觉加热元件是否工作正常。

2.4.5.4.2　压力继电器

1. 功能测试

（1）如信息牌上所示，转动阀柄到测试位置。

（2）将气泵和压力表连接到压力开关继电器的测试抽头上（螺纹 R1/8"）。

（3）升高压力直到压力继电器使换流变压器的断路器动作。

（4）读取压力计上所显示的压力，并与信息牌上所规定的数值比较，最大允许偏差10%，如果偏差过大，则需更换压力继电器。

（5）当压力降低时，检查信号消失情况。

（6）完成上述工作后，将阀柄转动到运行位置。

2. 更换压力继电器

如果压力继电器故障，则对其进行更换。

2.4.5.5　特殊性检修

2.4.5.5.1　油务处理

1. 抽真空

（1）拆下换流变顶部注油阀旁的堵板，将抽真空的管道装在此处，并将管道与真空泵相连，在此管道上装一个真空表。

（2）接通真空泵的电源，启动真空泵，抽真空直至压力降到 0.3kPa。

（3）停真空泵，1 小时后记录真空表读数为 P1。

（4）再过 30 分钟记录真空表读数为 P2。

（5）记录换流变的油量，记为 V 吨。

（6）若（P2-P1）×V＜30，等待 30 分钟后记录 P2 确认该结果，若（P2-P1）×V＞30，则查找渗漏点并消除。

（7）若密封性试验合格，启动真空泵，继续抽真空直至压力降到 0.15kPa。

（8）抽真空 36 小时。

2. 真空注油

（1）用滤油机的油进行滤油，取油样试验合格。

（2）将滤油机的进油管与储油罐相连，出油管与换流变底部注油阀相连。

（3）在换流变顶部和顶部阀门之间连一个透明塑料管作为油位指示器，在气体继电器处装一个真空表。

（4）关闭本体油枕和本体油箱之间的阀门。

（5）启动真空泵对本体油箱抽真空，启动滤油机对本体油箱进行注油，待油位距离本体邮箱顶盖 50—100mm 时，停止抽真空。

（6）继续注油直至注满本体油箱。

（7）继续注油使本体油箱有一个微小的过压，打开本体油枕和本体油箱之间的阀门，对油枕注油至适当的油位。

（8）停止滤油机，对换流变进行排气。

3. 热油循环、静放排气

（1）将滤油机的进油管与换流变本体油箱排油阀相连，出油管与换流变顶部注油阀相连。

（2）启动滤油机进行热油循环，热油循环的速度控制在 2~5m³/h，温度在 70℃ 左右。

（3）循环的油量为换流变油箱油量的 2 倍；若油箱周围的温度在 0℃ 以下，循环的油量为换流变油箱油量的 3 倍；若油箱周围的温度在 -20℃ 以下，循环的油量为换流变油箱油量的 4 倍。

（4）取换流变油样进行化验，油色谱、微水、介损、耐压均合格。

（5）热油循环后，静放 120 小时，排气完毕后才能带电。

2.4.5.5.2 套管更换

1. SF$_6$ 油绝缘套管更换

（1）工作要选择晴朗的天气进行，空气的相对湿度不大于 75%。

（2）将备品套管进行试验，试验合格。

（3）将高压套管断引。

（4）关闭换流变本体油箱至本体油枕间阀门。

（5）将真空滤油机进油管与变压器排油阀连接，将真空滤油机出油管接入油罐，对变压器进行排油，直至油位在套管根部之下，排油同时在最高点破坏真空。

（6）拆去套管外部端子，将套管起吊专用工具固定在套管顶部，将吊绳固定在起吊专用工具上，将套管固定螺栓松开，拆除完毕后起吊套管，起吊高度 30 厘米即可，防止内部引线拉断，拆除套管应力锥与绕组连接线，吊下套管。

（7）起吊新套管，将套管与升高座连接处擦拭干净，更换密封圈，并涂抹密封胶。

（8）连接套管应力锥与绕组连线，降低拉杆以便连接上、下两部分，当拉杆装好后，把套管插入变压器内，到最后约 120mm 的位置，导向圆锥体底部连接片进入套管筒。

（9）把套管安装在升高座之后，拉杆的安装方法如下：接上一个千斤顶，并用盒型扳手以约 40kN 的拉力拧紧螺母，移走千斤顶。

（10）安装外部端子。

（11）安装密度继电器。

（12）对套管注油。套管和变压器注油前，在安装阀门的注油阀门上和真空设备间连接上一个软管，为了确保密封垫片两侧有合理真空度，一根真空管应连接到变压器底座，当变压器侧和套管侧为真空时，油将通过压力阀从变压器流向套管。最小油位的计算公式 $h=3590\times\sin\alpha$（α 为套管的安装角）。

（13）对套管充气至 370kPa（20℃时的绝对压力）。

（14）将换流变用真空泵抽真空至 0.3kPa（抽真空在变压器网侧套管气体继电器处进行），并将排出的油重新注回换流变本体，一边抽真空一边注油，注满油后将排气孔关好，并打开换流变本体至油枕间阀门。

（15）换流变热油循环 72 小时，同时取换流变油样进行化验，油色谱、微水、介损、耐压均应合格；换流变静放 72 小时并排气。

（16）静放完毕后进行电气试验（网侧绕组的绝缘电阻、泄漏、本体介损，直流电阻，套管介损）。

（17）对网侧高压套管复引，清理现场。

2. 网侧高压套管更换

（1）工作要选择晴朗的天气进行，空气的相对湿度不大于 75%。

（2）将备品套管进行试验，试验合格。

（3）将高压套管断引。

（4）关闭换流变本体油箱至本体油枕间阀门。

（5）将真空滤油机进油管与变压器排油阀连接，将真空滤油机出油管接入油罐，对变压器进行排油，排油 1000L，同时在最高点破坏真空。

（6）拆去套管外部端子，将起吊专用工具固定在套管顶部，将吊绳固定在起吊专用工具上，将套管固定螺栓松开，拆除完毕后起吊套管，起吊高度 30 厘米即可，防止内部引线拉断，拆除套管应力锥与绕组连接线，吊下套管。

（7）起吊新套管，将套管与升高座连接处擦拭干净，更换密封圈，并涂抹密封胶。

（8）连接套管应力锥与绕组连线，将拉杆各部分连接起来。

（9）用细绳吊住拉杆固定物，将拉杆与拉杆固定物相连，缓慢落下套管，把套管固定到升高座上，拉紧拉杆。

（10）拆掉拉杆固定物，安装套管外部端子，如图 2-20 所示。

（11）将换流变用真空泵抽真空至 0.3kPa（抽真空在变压器网侧套管气体继电器处进行），并将排出的油重新注回换流变

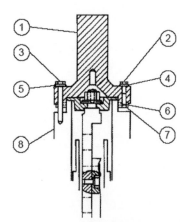

图 2-20　外部端子的安装

1. 外部端子　2. 六角螺钉 M8×40　3. 六角螺钉 M10×60　4. 弹垫 8.4×18×1　5. 垫片 10.5×22×2　6. 垫圈（O 形圈）99.1×5.7　7. 垫圈定位环　8. 套管顶端

本体，一边抽真空一边注油，注满油后将排气孔关好，并打开换流变本体至油枕间阀门。

（12）换流变热油循环 72 小时，同时取换流变油样进行化验，油色谱、微水、介损、耐压均合格。

（13）换流变静放 72 小时并排气。

（14）静放完毕后进行电气试验（网侧绕组的绝缘电阻、泄漏、本体介损，直流电阻，套管介损）。

（15）对网侧高压套管复引，清理现场。

3. 网侧中性套管更换

（1）工作要选择在晴朗的天气进行，空气的相对湿度不大于 75%。

（2）将备品套管进行试验，试验合格。

（3）将中性线套管断引，螺栓大小为 M12，力矩为 55±5N·m。

（4）对网侧绕组进行电气试验（网侧绕组的绝缘电阻、泄漏、本体介损，直流电阻）。

（5）取换流变本体油样进行油化验（油色谱、微水、介损、耐压）。

（6）关闭换流变本体至油枕间阀门。

（7）将吊车吊臂伸至套管正上方，并用吊绳绑好。

（8）将真空滤油机进油管与变压器排油阀连接，将真空滤油机出油管接入油车，对变压器进行排油，排油 1000L，同时在最高点破坏真空。

（9）将套管固定螺栓松开，拆除完毕后起吊套管，起吊高度 30 厘米即可，防止内部引线拉断，同时使用白布将套管孔密封，防止小物件落入变压器。

（10）吊出旧套管，更换套管密封圈，将周围擦拭干净，并涂抹密封胶。

（11）吊入新套管，恢复所有引线，清点所带工器具及材料，并做好记录。

（12）将换流变用真空泵抽真空至 0.3kPa（抽真空在变压器网侧套管气体继电器处进行），并将排出的油重新注回换流变本体，一边抽真空一边注油，注满油后将排气孔关好，并打开换流变本体至油枕间阀门。

（13）换流变热油循环 72 小时，同时取换流变油样进行化验，油色谱、微水、介损、耐压均应合格。

（14）换流变静放 72 小时并排气。

（15）静放完毕后进行电气试验（网侧绕组的绝缘电阻、泄漏、本体介损，直流电阻，套管介损）。

（16）网侧套管复引并清理现场。

2.4.5.5.3 部件更换

1. 风机更换

（1）从汇控柜中断开风机电源开关，并将风机安全开关打至"OFF"位置。

（2）松开固定防护罩的螺栓并取下防护罩。

（3）拆下风机扇叶。

（4）拆开电机接线盒，断开电机电源线。

（5）松开电机支架上的固定螺栓，拆下电机。

（6）更换上新电机并恢复。

（7）先手动转动电机，电机转动灵活无卡阻，扇叶不摩擦后合上安全开关，启动风机。

2. 本体压力释放阀更换

（1）将需要的工具运至工作现场。

（2）对照图纸，从 ETCS 柜内断开本体压力释放阀信号电源（注意两套系统共用一个接点）。

（3）关闭本体油枕至本体油箱之间的阀门。

（4）用管子将本体油箱排油阀和油桶相连。

（5）半开本体油箱排油阀，并打开本体油箱顶部的注油阀观察本体油箱的油位，当油位降至本体油箱顶盖后，关闭本体油箱排油阀，并关闭本体油箱注油阀。

（6）松开本体压力释放阀的固定螺栓，看是否有油渗出，若有油渗出，打开本体油箱排油阀，继续排油，直至压力释放阀处无油渗出为止。

（7）拆掉本体压力释放阀的固定螺栓，拆掉压力释放阀。

（8）将新压力释放阀放置好，装上压力释放阀的固定螺栓并紧固。

（9）拆卸旧压力释放阀的二次接线，并将二次接线安装在新压力释放阀上。

（10）慢慢打开油枕与本体之间的阀门来对本体进行注油，并打开本体油枕至本体油箱之间瓦斯继电器的取气阀进行排气。

（11）通过试验把手检查新压力释放阀功能是否正常（用万用表测量接点是否正常动作）。

（12）将氮气瓶与管道相连，通过氮气瓶对油枕气囊加压（压力为 1.2bar 左右），打开油枕上的排气阀对油枕进行排气。

（13）清理工作现场。

3. 油流指示器更换

（1）将故障油流指示器的信号电源断开。

（2）关闭油流指示器前后的蝶阀。

（3）拆除油流指示器的信号线。

（4）慢慢松开油流指示器的安装螺丝，用桶接住流出来的油。

（5）安装新的油流指示器，接好信号线并恢复信号电源。

（6）关闭冷却器的进油阀门，然后打开油流指示器的前后阀门，通过冷却器上的排气阀门对该冷却器进行排气。

（7）最后将冷却器进油阀门打开。

（8）从冷却器控制柜启动该冷却器的油泵，检查油流指示器工作是否正常。

（9）清理工作现场。

2.5 常见故障处理

2.5.1 换流变保护动作跳闸事故

2.5.1.1 故障现象

（1）事件记录出现"换流变相应保护动作"的跳闸信号，如换流变交流引线差动保护动作、换流变大差保护动作、换流变小差保护动作、换流变绕组差动保护动作、换流交流引线和换流变过流保护动作、换流变过流保护动作、换流变中性点零序过流保护动作、换流变过励磁保护动作、换流变中性点偏移保护动作、换流变零序差动保护动作等。

（2）相应极直流系统停运。

（3）相应的交流开关跳闸。

2.5.1.2 处理流程

（1）立即汇报调度部门及各级主管生产的领导。

（2）绘制故障录波图，根据故障录波图、事故记录进行分析，并将录波图、事件记录传真至相应管理部门。

（3）现场检查保护范围内的一次设备有无故障点。

（4）通知检修人员检查处理相应的一、二次设备。

（5）根据故障录波图及保护盘内的信号，分析是否保护误动。

（6）查看气体在线监测装置，检查气体浓度，联系检修试验人员取油样化验、分析。

（7）若确认保护装置误动，经总工程师或主管生产的领导批准，申请调度，停用误动的保护后（但其他保护必须投入），方可试充电。

（8）如果无法确认保护是否误动，还应进行相关的试验，以确认换流变是否正常。

2.5.1.3 故障分析方法

换流变保护动作跳闸事故处理的关键是分析出事故原因，原因找到了才有了事故处理和制定反措的根据，下面主要介绍事故原因的分析方法，并举例说明。

事故原因分析，首先要缩小分析范围，确定故障设备，是换流变本体自身故障引起的保护跳闸，还是控制保护系统故障引起的保护误动作跳闸。下面提供两种比较快捷的确定故障设备分析方法。

（1）从事件记录入手确定故障设备。换流变配置了两套保护设备，从事件记录来看，如果两套换流变保护同时动作，则可以认为是换流变本体故障；如果仅有一套换流变保护动作，则要从其他角度入手，确认故障设备。

（2）从故障录波入手确定故障设备。对比分析同一时刻的换流变保护故障录波波形、换流变交流进线断路器保护故障录波波形、专用故障录波器的记录波形，如果所有的故障录波波形都指示换流变进线电流电压存在明显的故障特征，则可以肯定是换流变本体故障；如果仅有一套换流变保护产生故障录波波形，而其他保护、专用故障录波设备没有同一时刻的故障波形记录，则可以认为该套换流变保护误动作，确认控制保护系统故障导致换流变保护动作跳闸。

将两种确定故障设备分析方法结合起来分析。如果事件记录上显示两套换流变保护同时动作，并且换流变交流进线断路器保护故障录波波形、专用故障录波器的记录波形显示换流变电流电压呈现出明显故障特征，则肯定是换流变本体故障。如果事件记录显示仅有一套换流变保护动作，并且换流变交流进线断路器保护故障录波波形、专用故障录波器的记录波形显示换流变电流电压没有明显的故障特征，则肯定是控制保护系统故障导致换流变保护误动作跳闸。不管分析结果如何，都要对换流变进行油化试验，以作为分析结果的一种验证。

如果确定是控制保护系统故障，或者怀疑控制保护系统故障的可能性很大，就要对控制保护系统进行检查，确定具体的故障点。通过检查换流变保护的 CT、PT 二次回路绝缘、对换流变保护的 CT、PT 二次进行加压注流试验、更换换流变保护电流电压采集路径上的板卡插件等元器件等方法来确定故障点，并进行相关处理工作。

如果确定是换流变本体故障，或者怀疑换流变本体存在故障的可能，就要对换流变进行油色谱试验，如果有必要，可以排油后进入变压器内部检查或解体检查。

2.5.2　换流变压器火灾

2.5.2.1　故障现象

（1）事件记录发"消防系统告警、消防泵启动"信号。

（2）火灾报警盘发相应雨淋阀起动信号。

2.5.2.2　处理流程

（1）现场检查，确认换流变确已着火。

（2）检查直流系统是否停运，换流变是否停电，若未停运或停电，立即紧急停运直流系统，将着火换流变停电隔离。同时拨打 119 火警电话。

（3）如果是单极运行，直流系统停运后，注意监视交流滤波器是否全部跳开，如果没有跳开则手动拉开。如果是双极运行，应当检查直流功率自动转移到另一极运行正常。

（4）检查变压器消防系统是否自动启动，若未启动则手动启动（在相应的雨淋阀间有紧急手动启动阀），监视消防系统工作正常。

（5）将水龙带连接到就近的消防栓上，进行手动灭火。

（6）组织人员使用灭火器灭火。

（7）专人协调指挥现场，注意安全，人员不可站在着火换流变的软连线之下。

（8）汇报国调及站领导。

（9）换流变火扑灭后，将换流变隔离，做好安措，通知检修人员现场处理。

2.5.2.3　分析方法

查找起火原因，若为变压器油渗漏遇外界燃烧物引起，则查找渗漏点并处理；若为换流变内部放电引起，则排油查找放电点并进行相应处理。

2.5.3　换流变压器辅助电源丢失

2.5.3.1　故障现象

事件记录显示换流变压器辅助电源丢失信号。

2.5.3.2　处理流程

（1）现场检查冷却器控制柜内电源切至另一路运行正常，冷却器风扇运行正常，油流指示正常。

（2）如果冷却器电源控制柜内退出运行的一路电源接触器烧糊，到 400V 配电室检查该路冷却器电源开关是否跳闸，如果未跳闸将该开关断开，如果已经跳闸，做好安措联系检修处理。

（3）若另一路电源也丢失，则：

1）如果外观检查无异常，到 400V 配电室检查两路冷却器电源开关是否跳闸。

2）如果未跳闸，而 400V 母线电压正常，将该故障电源开关断开，联系检修处理。

3）如果 400V 配电室该路冷却器电源开关已经跳开，将跳闸开关试合一次，试合不成功联系检修处理。

4）如果两路冷却器电源均不能恢复，监视换流变运行温度。换流变无冷却器运行时间达到 45 分钟或油温达到 75℃，经总工程师或主管领导批准，申请国调将换流变压器停运。

2.5.3.3　分析方法

（1）若只有一路电源丢失，则查找故障的电源开关、接触器或绝缘降低的电缆，若电源开关、接触器损坏，则更换，若电缆绝缘降低，则更换电缆。

（2）若两路电源均丢失，采取应急措施对换流变喷水降温，然后检查400V开关或电缆绝缘是否降低，若开关损坏，更换开关，若电缆绝缘降低，更换电缆；若均无问题，则检查两路冷却器电源开关及电缆，对存在问题的开关、接触器或电缆进行更换。

2.5.4　换流变大量漏油

2.5.4.1　故障现象

油枕油位低告警。

2.5.4.2　处理流程

（1）立即派人到现场检查，确认是否油位低，是否有漏油的情况。

（2）若确实有大量漏油的情况，立即汇报值长，并且手动将该极紧急停运。

（3）立即将有关情况汇报国调、站领导，并通知检修人员。

（4）将换流变转检修后，关闭油枕至换流变本体的阀门。

（5）尽可能采取相应的堵漏措施。

（6）加强现场的防火措施。

2.5.4.3　分析方法

（1）若漏油情况十分严重，则申请将该极紧急停运，若漏油情况不是十分严重，则对换流变进行补油，并对漏油点采取封堵措施（补油前将重瓦斯保护退出）。

（2）若不存在漏油现象，则检查油位传感器，若为误报警，则停电更换油位传感器。

2.5.5　换流变分接头不一致

2.5.5.1　故障现象

事件记录发换流变分接头不一致报警信号。

2.5.5.2　处理流程

（1）检查OWS界面上与现场分接头各相挡位是否一致。

（2）检查故障分接头调节机构外观是否正常，分机头电机电源开关是否投入正常。

（3）若故障分接头调节机构外观出现明显变形、传动杆脱扣等现象，应断开分机头电机电源开关，并通知检修。

（4）若故障分接头电机电源投入正常，在OWS界面上将分接头控制方式打致"手动"，手动调节分接头保持一致，并通知检修。

（5）若故障分接头电机电源开关跳开，可试合一次，试合成功，应检查该相分接头自动与其他相调节一致。试合不成功，应现场手动将该相分接头摇至与其他相一致，并通知检修。

2.5.6　换流变在线气体监测报警处理

2.5.6.1　故障现象

事件记录发在线监测气体报警。

2.5.6.2　处理流程

（1）现场检查在线气体监测装置的测量值是否与 OWS 界面一致。

（2）检查在线气体装置的电源小开关是否投入。

（3）若现场检查在线气体装置确实达到报警值，汇报相关领导。

（4）同时通知检修取油样分析。

2.5.6.3　分析方法

（1）装置本身故障。

（2）装置所监测的设备故障。

2.5.7　换流变压力释放阀动作

2.5.7.1　故障现象

事件记录发换流变压力释放阀动作。

2.5.7.2　处理流程

（1）汇报国调及站领导。

（2）立即派人到现场检查，确认换流变压力释放阀是否动作。

（3）若换流变压力释放阀确已动作，经总工程师或主管领导批准，申请国调将换流变压器停运，同时通知检修人员取油样分析，并将换流变转检修复归信号。

（4）确认换流变无故障后，经总工程师或主管领导批准，申请国调可以试充电一次。

2.5.7.3　分析方法

换流变压器的压力保护通过压力释放阀进行，当内部出现严重故障时，压力释放装置使油膨胀和分解产生的不正常压力得到及时释放，以免损坏油箱，造成更大的损失。压力释放动作一般分两种情况：换流变压器内部有故障导致压力释放阀正确动作；压力释放阀误动作。

2.5.7.3.1　换流变压器内部有故障，压力释放阀正确动作

当中央报警系统出现有压力释放动作的报警信号后，首先检查中央报警系统同时发出的其他报警

信号。如果压力释放的动作报警的确是由于变压器内部故障所致，那么中央报警同时也应该有差动保护动作和瓦斯保护动作的信号，保护会发出跳闸命令跳开相关交流断路器，致使变压器停运。此时故障录波器应该会被此动作信号启动录波。检查故障时的录波记录，分析电流电压波形，可以看出有明显的故障点。

在变压器处于停运的状态下，可以爬上变压器顶部检查压力释放阀的现场动作情况。压力释放动作后在压力释放阀附近有明显溢油的痕迹。当变压器油在超过一定标准时释放装置便开始动作进行溢油或喷油，从而减少油压保护了油箱。如属变压器的油量过多，气温高而非内部故障发生的溢油现象，释放阀便自动复位。当压力释放装置动作时，其信号杆自动弹出，此时应检查导油管口或地面是否有油迹。确认释放阀的动作情况后，立即汇报相关部门，通知试验人员对变压器油进行油样分析，根据油样结果进一步判断变压器的内部故障点。

2.5.7.3.2 换流变压器内部无故障，压力释放阀误动作

若在检查中央报警系统在发出压力释放阀动作的报警信号同时没有发现其他与变压器相关的报警信号，检查故障录波器记录电流电压波形无异常，此时可初步判断为压力释放装置误动作，需要对压力释放报警回路及压力释放装置本身进行检查。在不允许变压器停运的情况下，可在就地控制柜内端子排上解开压力释放报警回路的外部电缆，即由压力释放阀的报警接点引至就地控制柜内的两根电缆，在电缆的解开端分别进行对地和电缆之间的绝缘检测，根据检测结果判断此外部回路绝缘是否存在问题，同时还应在控制柜内检查报警回路直流电源是否正常。如若检测绝缘不符合相关规定，则应申请变压器停运，以便进一步检查回路电缆和压力释放继电器接点绝缘。如若直流电源存在问题，则应根据审核的设备接线图，在不影响设备正常运行的情况下，检查相关的直流电源回路。在变压器处于停运状态时，检查变压器顶部压力释放阀防雨罩是否完好、遮挡位置是否合适，打开压力释放继电器接线盒检查接线盒密封情况、接线盒内干燥情况、接线盒内接线端子接线情况，然后解开压力释放报警接点端子接线，分别对报警回路电缆和报警接点进行绝缘检查，同时检查压力释放继电器的工作性能是否良好。若确认为绝缘不合格，则对绝缘不合格部分进行更换；若确认为压力继电器故障，则须更换压力继电器。

2.5.8 换流变绕组温度高处理

2.5.8.1 故障现象

发换流变绕组温高报警信号。

2.5.8.2 处理流程

（1）检查冷却器是否全部投入运行。

（2）若冷却器未全部投入运行，检查冷却器未启动的原因，并尽快恢复运行。

（3）若冷却器已全部投入运行，检查报警回路是否正常，并通知检修人员检查处理。

（4）如果温度持续升高达到报警值，经总工程师或主管领导批准，申请国调降低直流负荷。

2.5.8.3　故障原因分析

换流变压器绕组温度是温升和环境温度的综合作用。变压器绕组的温升是指因电流引起绕组导体发热达到的温度与外部（油浸变压器为油箱外）冷却介质的温度差，可用 "K" 表示。它是用于变压器设计和评价热特性参数的一个指标。绕组的热点温度随绕组温升和环境温度两者而变化。

换流变绕组温度高报警的原因有两种，即外部原因和内部原因。外部原因包括换流变冷却器故障、散热器与换流变相连的蝶阀位置不到位或相连管道处堵塞、绕组温度热点测量不准确或是测量故障等，而内部原因则体现为换流变内部故障、过流、过压及电压高。鉴于换流变绕组温度高报警的外部原因和内部原因的种种可能的故障点，处理情况可分为以下两种。

2.5.8.3.1　外部原因

1. 绕组温度热点测量不准确或测量故障

中央报警系统发出 "换流变绕组温度高报警" 时，同时检查中央事件记录的其他报警信号，检查软件中相关功能块监视的绕组温度值是否超出温度高报警设定值，并与此台换流变压器的油温度值相比较。运行人员配合现场对换流变压器进行红外测温，比较测温结果与显示的温度值。若显示的绕组温度值高于油温值超过 10℃，且现场检查冷却器工作正常，则初步判断绕组温度测量点不准或是测量故障。根据换流变压器测量控制回路图对换流变绕组温度测量回路进行检查，检查回路是否完好。在回路完好的情况下，检查绕组温度传感器的工作性能：将换流变压器绕组温度传感器送至换流变就地控制柜内的信号电缆解开，用万用表测量传感器的电阻值，与相关公式计算值比较，判断传感器是否工作正常。对于检查发现故障的传感器待换流变压器停运后进行更换。

2. 冷却器故障

确认绕组温度确实高于报警设定值后，现场检查该换流变冷却器工作情况是否正常，如果有冷却器不能正常工作的情况，应根据冷却器控制回路图做进一步检查，确认是否因为回路中有端子松动导致冷却风扇不能正常起停、是否因为冷却风扇电源热继电器动作或是热继电器接点故障导致冷却风扇不能正常起停、是否因为冷却风扇控制空开故障导致冷却风扇不能正常起停，对于有故障的部件进行更换。在确认非上述原因导致冷却风扇故障时，应申请对冷却风扇电机及本体、散热器与换流变相连的管道及阀门进行检查，对检查出的故障部分进行检修维护，已无法检修维护的进行更换。

2.5.8.3.2　内部原因

在排除了所有导致换流变压器绕组温度高报警的外部因素后，可进一步确定温度高报警由换流变压器内部原因所致。

1. 内部故障引起换流变压器绕组温度异常

其内部故障包括：绕组匝间或层间短路、线圈对围屏放电、内部引线接头发热、铁芯多点接地使涡流增大、零序不平衡电流等漏磁与铁件油箱形成回路等。发生这些情况时，还将伴随着瓦斯或差动保护动作。故障严重时，还有可能使压力释放阀喷油，这时应立即将变压器停用检修。通过换流变油样分析可进一步确定是否为内部故障。

2. 换流变压器过流

分析温度高报警时变压器的电流波形，结合系统的运行状况分析过流原因。

3. 换流变压器过电压或电压高

分析温度高报警时变压器的电压波形，结合系统的运行状况分析过电压或电压高的原因。

第❸章　柔性直流输电控制系统

3.1　概述

3.1.1　主要功能

柔性直流输电控制系统主要承担以下的任务：

（1）系统的启动控制。

（2）电压源换流器 VSC 之间的潮流控制。

（3）VSC 无功功率的控制 。

（4）系统出现不对称故障等状况下，对交流系统的控制。

（5）故障发生时，利用换流站的灵活开关及时保护相应设备。

（6）对 VSC、DC 等线路的电流、电压等运行参数，以及相应控制系统自身的运行情况进行实时监测。

（7）负责承担与交流变电站诸多设备接口之间的联系任务。

3.1.2　基本控制策略

1. 定直流电压控制

利用直流电压的变化量去调节 VSC 交流输出端电压与所联交流系统电压之间的相位差，以使被控的直流电压达到其设定值。

2. 定直流电流控制

利用直流电流的变化量去调节 VSC 交流输出端电压与所联交流系统电压之间的相位差，以使被控的直流电流达到其设定值。

3. 定有功功率控制

利用 VSC 传送的有功功率的变化量去调节 VSC 交流输出端电压与所联交流系统电压之间的相位差，以使被控 VSC 所传送的有功功率达到其设定值。

4.定无功功率控制

利用 VSC 吸收或发送的无功功率的变化量去调节 VSC 交流输出端电压的幅值，以使被控 VSC 吸收或发送的无功功率达到其设定值。

5.定交流电压控制

利用 VSC 所联交流母线电压幅值的变化量去调节 VSC 交流输出端电压的幅值，以使被控交流母线电压的幅值达到其设定值。

上述五种基本控制策略，由分析可知前三种和后两种相互独立，其中（1）、（2）、（3）为有功功率控制范畴，（4）、（5）为无功功率控制范畴，两者可保证同时调节不受影响，前三种的调节桥梁都是交流电源电压和相连接的 VSC 交流侧电压的角度差，后两种的调节桥梁是换流站 AC 侧电压幅值。

具体采用的控制方式根据实际场合而定，如表 3-1 所示。

表 3-1　不同情况下整流、逆变两端采用的控制方式

柔性直流输电系统的情况	整流站	逆变站
两端都是有源网络，中间以电缆传输	定直流电压控制	定直流电流控制
背靠背系统	定直流电压控制	定直流电流控制
向无源负载供电系统	定直流电压控制	定交流电压控制
多端系统并网	只要有一个 VSC 采用定直流电压控制，其余可采用定直流电流或定交流电压控制	
无功补偿系统	定直流电压控制	定无功功率控制

3.1.3　控制系统设计

可靠的 VSC 控制器是柔直系统实现良好运行的保障，其通常采用的类别有直接和间接控制两类。其中前者也被称为间接电流控制，即通过控制 VSC 的输出电压基波的相位和幅值来达到控制目的，但该方式的特点是结构简单，交流电流动态响应慢，难以实现过电流的控制，因此在此不做过多介绍；这里着重分析研究间接控制，也常被称为直接电流控制或者矢量控制，其具有很好的内在限流能力，且电流响应快，并且适合在高压大功率的柔性直流输电中应用，因此，长久以来被普遍关注和广泛采用，该控制系统分为外环电压控制部分和内环电流控制部分，如图 3-1 所示。

图中可见，定有功功率控制、定交流电压控制、定无功功率控制、定交流电压控制和定频率控制等组成外环控制系统。众所周知，柔直系统必须有一端 VSC 采用定直流电压控制，在直流系统中作为平衡节点，起到有功功率平衡和直流电压维持的作用，其余 VSC 采用何种控制可根据实际情况灵活采用，例如，当受电端为无源网络时，送端和受端通常分别采用定直流电压控制和定交流电压控制。而内环电流控制器的目的是最终稳定 DC 电压和跟踪无功指令，这是通过直接控制 VSC 交流侧电流相位和波形，使外环功率控制器生成的电流参考值得到快速跟踪的方法来实现的。

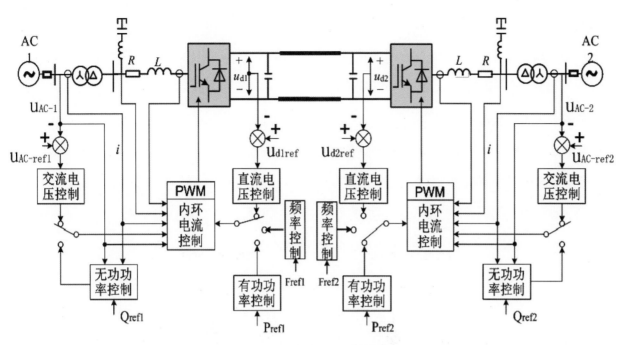

图 3-1　基于直接电流控制的系统结构

3.2　柔直极控系统

极控是柔直系统的控制核心，向上对接柔直工作站，通过人机交互信息，最终实现人对柔直系统的命令下达，向下对接保护、阀基（VBC）等系统，实现对柔直输电系统一次设备、换流阀等系统控制和保护，所以起到承上启下的重要作用。本节内容以厦门柔直科技示范工程为实际应用背景，以目前直流控制系统的典型设备 PCS-9520A（南瑞）为依据，重点从柔直极控系统的系统配置、设备参数、软硬件设计、上下行设备接口、人机界面等方面进行详细介绍。

3.2.1　柔直极控系统的配置

换流站柔直极控系统一般采用冗余配置，即每极配置两面极控屏柜，放置相应极控制保护设备室。极控装置的电源和交流站保护装置的相同，采用双电源配置，保证在线路检修或故障时失去一路电源的情况下，直流系统能正常工作。直流控制系统采用 DC220V 电源。

3.2.1.1　功能配置

柔直极控系统主要的控制功能在双极控制层和极控制层分别实现，此外还有其他功能。

双极控制层主要功能包括：全站双极功率分配、全站无功控制、双极相关顺序控制、功率调制、双极换流变分接头协调、附加控制。

极控制层主要功能包括：极功率控制、电流内环控制、极换流变抽头控制、极的开路试验、极间通信、极无功控制、直流电压控制、交流电压控制、极运行方式控制、极功率调制、极的解锁/闭锁、调制波产生、极的过负荷限制、换流阀 IGBT 监视、自诊断。

其他功能包括：就地控制；极层控制 LAN 网通讯、与 I/O 单元的现场总线通讯、两站间的站间通讯、极间通讯等通讯功能；极相关的事件顺序记录（SER）；网侧电压测量、换流变阀侧电流测量、换流变阀侧电压测量、桥臂电流测量、直流电压测量、直流电流测量、网侧功率计算、直流侧功率计算、中性线电流测量、金属回线电流测量、中性线接地电流测量等测量计算功能。

3.2.1.2 整体配置

柔直极控系统总体的配置联系如图 3-2 所示。

控制装置与保护装置的极层控制 LAN 网连接方式，以及保护装置与三取二装置之间的连接方式如图 3-3 所示。

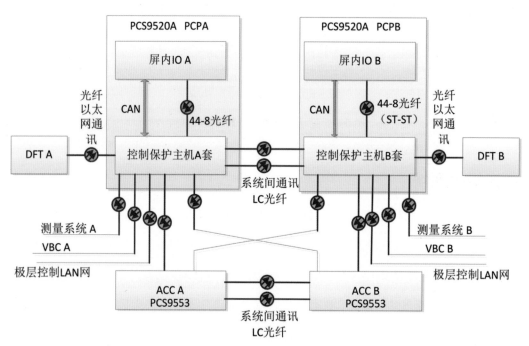

图 3-2 控制保护系统总体配置联系图

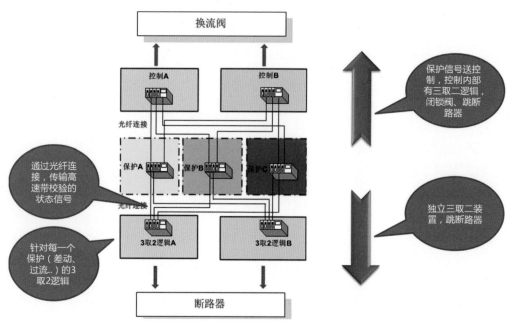

图 3-3 控制装置、保护装置、三取二装置间的联系方式

3.2.1.3　硬件

3.2.1.3.1　硬件结构

直流极控系统的硬件整体结构可分为两部分：

（1）直流极控柜：包括主控单元和 I/O 设备，完成直流极控系统的各项控制功能，完成与极层控制 LAN 网的接口，完成与运行人员工作站以及远动工作站的通信，完成与交流站控（ACC）、故障录波、直流系统保护、主时钟和现场总线的接口。

（2）分布式 I/O 及现场总线：完成极控系统所需要的各种模拟量和状态量的采集，以及实现开出功能。

直流极控柜内的主控单元以及 I/O 设备配置如图 3-4。

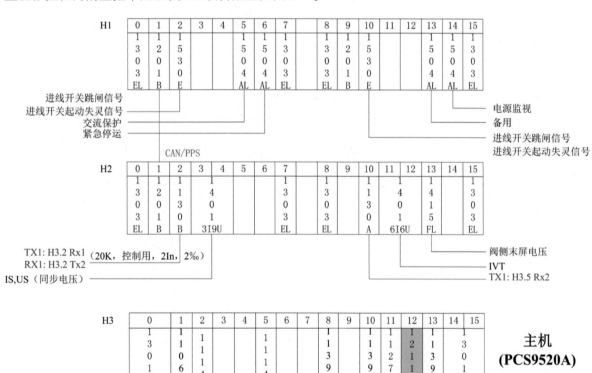

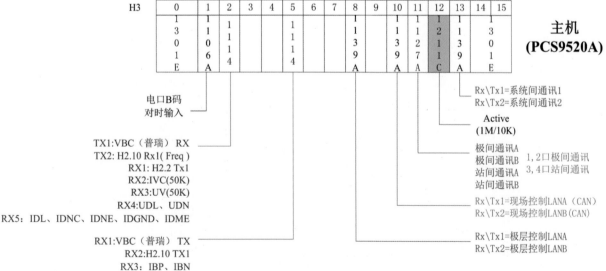

图 3-4　直流极控柜内的主控单元以及 I/O 设备配置

上图中涉及的采样量定义如图 3-5 所示。

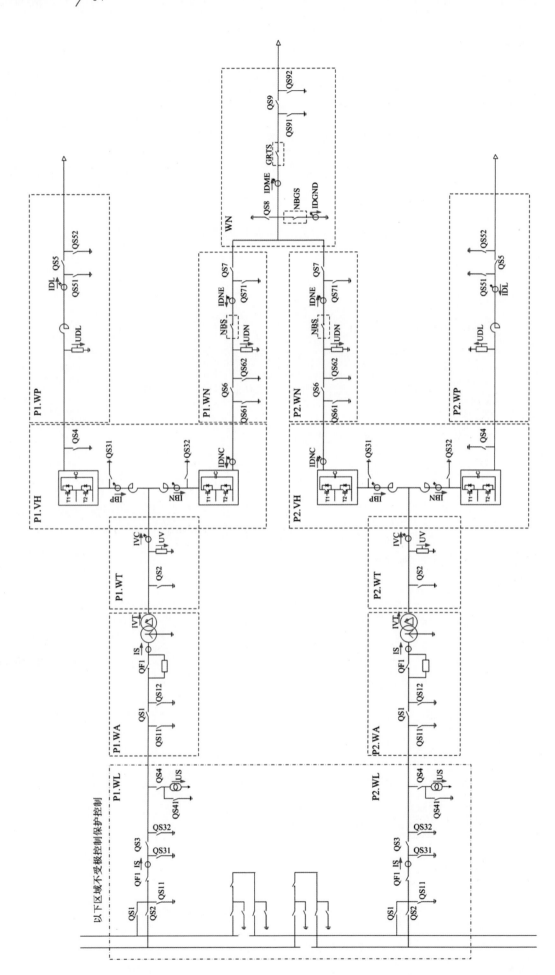

图 3-5　采样量定义

3.2.1.3.2 硬件平台

硬件系统采用了当今先进的技术，如高性能 CPU、DSP 处理器，大容量 FPGA 芯片等，因此有较强处理能力，为未来应用功能扩展留有较大裕度。

主机核心功能板卡的配置主要包括：

（1）管理 CPU 板 NR1106-B01：该板卡运行自主知识产权的嵌入式实时 Linux 操作系统，完成后台通信、事件记录、录波、人机界面等辅助功能。

（2）浮点 DSP 板 NR1114A-B02：完成核心控制保护功能，如采样数据的接收和计算处理，参考波计算功能和发出。

（3）浮点 DSP 板 NR1114A-B05：阀控通讯。

（4）NR1139-B08：实现与系统 LAN 冗余网络的通讯，与极保护的通讯。

（5）NR1139-B10：完成与 I/O 系统的通信功能，联闭锁功能。

（6）NR1127A-B11：站间极间通讯。

（7）NR1211C-B12：ACTIVE 脉冲发出。

（8）NR1139-B13：实现系统间通讯。

其他 I/O 板卡的配置包括：

（1）NR1504 是多通道智能开入量采集板，所有的开入信息通过 CAN 总线传送给相应的 DSP 板。所有的开入能够满足 62%~70% 额定电压区间外可靠动作的要求。

（2）NR1530E 是配有 5 组开出接点的开出插件，用于开关场开关和刀闸的控制、监视和联锁。NR1530E 跳闸时动作速度小于 1ms，能够更快地响应保护跳闸命令，缩短断路器跳闸动作时间。

（3）NR1130A 是用于模拟量采样的高性能 DSP 插件，最大支持 48 通道的采样处理，截止频率 4kHz，具备 1 路光纤接收，3 路光纤发送通道。

（4）NR1130B 是用于模拟量采样的高性能 DSP 插件，最大支持 48 通道模拟量采样处理，截止频率 20kHz，具备 1 路光纤接收，3 路光纤发送通道。

（5）NR1401 是 12 通道交流量测量板，12 通道可独立配置为电流或电压通道多种类型。

（6）NR1303E 是通用平台的电源插件，具有输入电压范围宽、效率高、输出电压纹波小的特点，能用于交、直流输入，双电源配置的装置。

3.2.2 软件设计

3.2.2.1 基本控制功能设计

控制系统的软件采用基于 ACCEL 的图形化软件，包含以下各部分：

1. 直流电压控制

直流电压控制接收直流电压调度指令，经过直流电压指令调节环节及限幅环节后得到直流电压的参考值。

2. 有功功率控制

有功功率控制接收有功调度指令和其他实现各种调制功能的有功指令，经过有功指令调节环节及限幅环节后得到有功功率的参考值。

3. 无功功率控制

无功功率控制接收无功调度指令，经过无功指令调节环节及限幅环节后得到无功功率的参考值。

4. 交流电压控制

交流电压控制接收交流电压调度指令，经过交流电压指令调节环节及限幅环节后得到交流电压的参考值。

5. 内环电流控制

锁相环：主要由鉴相环节和滤波环节组成。滤波环节由 PI 调节器和积分器构成，通过对滤波环节参数的合理设计可以使 PLL 既有良好的噪声和谐波抑制能力，又有较好的动态响应性能。

内环电流控制器：采用交流母线电压前馈，以及通过内环 PI 控制，能够有效抑制外部环境引起的系统参数波动带来的扰动，如图 3-6 所示。

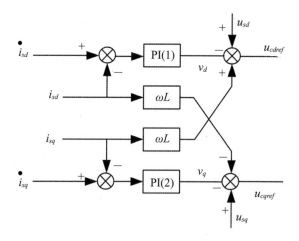

图 3-6　内环电流控制器电路结构

6. 换流变压器分接头控制

换流变压器分接控制具有手动控制和自动控制两种模式。

如果选择了手动控制模式，应有报警信号送至 SCADA 系统。当运行在手动控制模式时，可单独调节单个联结变的抽头，也可同时调节所有联结变的抽头。如果选择了单独调节抽头，那么在切换回自动控制前，必须对所有联结变的抽头进行手动同步。手动控制应被视为一种保留的控制模式。应当在自动控制模式失效的情况下，才被起用。无论是在手动控制模式还是在自动控制模式，当抽头被升 / 降至最高 / 最低点时，极控系统应发出信号至 SCADA 系统，并禁止抽头继续升高 / 降低。

联结变设计为有载调压，当本站换流器解锁运行后，自动模式下其抽头的控制策略为控制换流器的调制比，使调制比位于死区范围内。当调制比超过上限值时调低联结变阀侧电压，低于下限值时调高联结变阀侧电压。用于抽头控制的调制比死区暂定为 0.05。

另外换流器交流侧断电后，分接头回到中间挡位保持不变，一旦交流侧开关合上，换流器充电期间，分接头控制目标是保持阀侧电压为额定电压。

设计了双极分接头同步功能，该功能仅在两个极都处于双极功率控制下起作用，如果两极分接头相差挡位仅仅为一挡，在极间通讯正常情况下，将自动让一极的挡位自动跟踪另外一极的，而后调节其中一个极一挡，来和另外一极挡位一致。如果两极挡位相差超过一挡，则不同步两极的挡位。

7.线路开路试验控制

对直流极在较长一段时间停运后或检修后的绝缘水平进行测试。

3.2.2.2　双极有功控制功能设计

双极功率控制是厦门柔性直流输电系统的主要控制模式。控制系统控制直流功率为运行人员输入指令值或预先设定的功率曲线值。

双极功率控制功能分配到每一极实现，任一极都可以设置为双极功率控制模式。当一极按单极功率控制运行，双极功率控制确保由运行人员设置的双极功率定值仍旧可以发送到按双极功率控制运行的另一极，并可使该极完成双极功率控制任务。

通常情况下，如果两个极都处于双极功率控制模式下，双极功率控制功能为每个极分配相同的功率参考值，以使金属回线或者大地回线电流最小。按照规范书要求，不存在单极大地回线方式运行。

如果处于双极功率控制一极收到水冷限制负荷命令，该极退出双极功率控制，变成单极功率控制。需要注意的是该极收到水冷限制功率命令后，该极5s后有功和无功功率开始按照斜率下降至0，期间只要水冷限负荷命令消失，就保持当前功率。水冷限制负荷期间，由于有功和无功功率按照斜率（50MW/分钟）下降，所以禁止运行人员手动输入新的功率指令，水冷限负荷命令消失后，有功功率可以在界面输入新的指令，无功功率需要在顺控界面点击复归按钮后，才能按照正常双极无功控制方式进行控制。

双极金属运行时，如果两个极中一个极被选为独立功率控制，则该极的传输功率可以独立改变，整定的双极传输功率由处于双极功率控制状态的另一极来维持。双极大地运行时，两极都处于双极功率控制模式下，才允许输入功率指令，否则不允许。但该控制方式下如果处于双极大地回线时，按照规范书要求，该运行方式必须保证直流系统处于双极对称运行状态。

双极金属运行模式下，如果某极由于水冷限制，退到单极功率控制，由于功率下降导致实际的直流传输功率减少，那么，系统将增大另一极的功率，自动而快速地把直流传输功率尽可能恢复到定值，另一极的功率至多可以增大到规定的额定功率水平。双极大地方式下，水冷降功率指令在两极间互传，两极功率同时下降，保持接地电流在限定范围内。

处于双极功率控制的运行极在有功率限制的情况下，会自动退出双极功率控制，进入单极功率控制模式。特别需要注意是：该极功率水冷限制取消后，需要由运行人员手动打到双极功率控制方式下。

双极功率控制具有以下两种运行控制方式：

1. 手动控制

功率控制模式站的运行人员通过键盘和鼠标输入希望的双极功率定值及功率升降速率。

当执行改变功率命令时，双极输送的直流功率线性变化至预定的双极功率定值。直流功率的变化率是可调的。功率升降速率以及升降过程均有显示，并且还设有中止双极功率升降的功能，一旦执行此功能，功率的升降过程立即被中止，功率定值停留在执行此功能的时刻所达到的数值上。

2. 自动控制

当选择这种运行控制方式时，双极功率定值及功率变化率可以按预先编好的直流传输功率日或周或月负荷曲线自动变化，该曲线至少可以定义 1024 个功率 / 时间数值点。

运行人员能自由地从手动控制切换到自动控制，反之亦然。在手动控制和自动控制之间切换时，不会引起直流功率的突然变化。直流功率平滑地从切换时刻的实际功率变化到所进入的控制方式下的功率定值。

需要注意的是：极间通讯中断后，两个极都切换为单极功率控制方式。极间通讯恢复后，两个极保持为之前的单极功率控制方式不变，由运行人员手动切换到双极功率控制模式。

3.2.2.3 双极无功控制功能设计

原则上，两个极控制全站的交流电压或者无功功率，控制目标保持一致。

厦门柔性直流输电工程中，湖边站和彭厝站的无功功率分别独立控制，但对任何一站而言，无功功率控制功能是站层的控制功能，以全站为控制目标，不论两极处于何种有功功率控制模式（独立功率控制或双极功率控制），两极均处于相同的无功功率控制模式，包括交流电压控制和无功功率控制，由控制极对两个极的无功功率按照平均分配原则进行分配。

3.2.3 启停顺序设计

运行人员工作站采用手动方式下达启动 / 停运直流系统的指令给各换流站的站控系统。

启动直流系统的顺序流程如下所示：

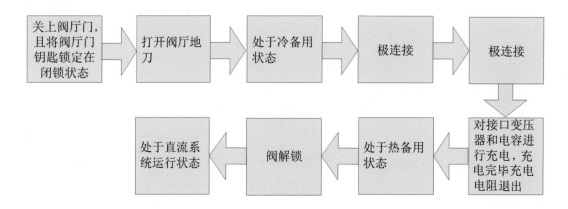

停运直流系统的顺序流程如下所示：

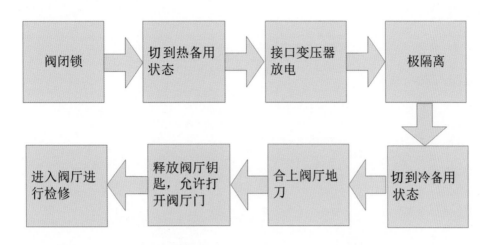

此时，直流系统停运，换流站回到检修状态，可进入阀厅进行检修。

启动／停运直流系统的流程为自动顺序控制，但也可改为手动执行，在手动执行顺序控制的过程中，每一步都是可逆的，如图 3-7 所示。但在一般情况下，执行自动顺序控制。

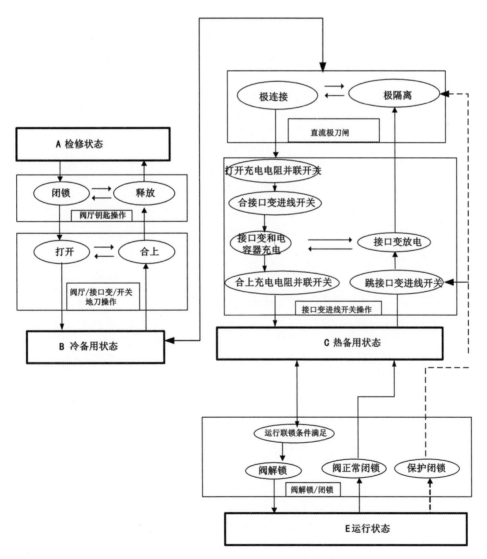

图 3-7　直流系统启动／停止顺序流程

3.3 接口设计

3.3.1 极控制设备 PCP 与阀基控制设备 VBC 接口

3.3.1.1 接口方式

控制设备 PCP 与阀控设备 VBC 均采用冗余系统设计，两种设备的各自冗余系统之间采用直连方式，即，PCP-A 与 VBC-A 连接，PCP-B 与 VBC-B 连接。

三重化极控系统与双重化极控系统的信号交换方式如图 3-8。

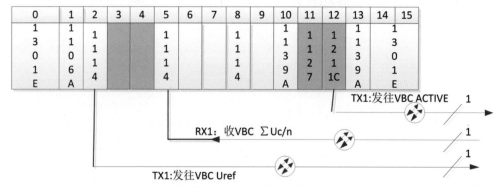

图 3-8　三重化极控系统与双重化极控系统的信号交换

VBC 与 PCP 之间采取光纤连接，连接关系如图 3-9 所示，

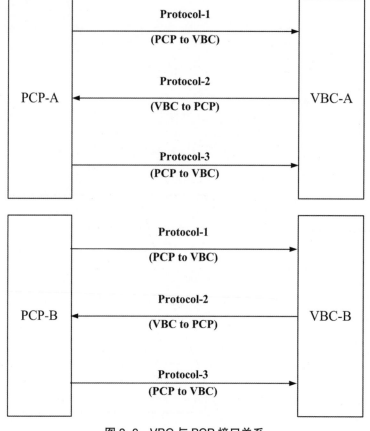

图 3-9　VBC 与 PCP 接口关系

其中，Protocol-1 为 PCP 发送给 VBC 的通讯协议，包含控制命令及各桥臂输出电压参考值。物理层符合 IEC60044-8 标准（光纤介质，通信速率为 10 Mbit/s），链路层符合 IEC60870-5-1 的 FT3 格式。

Protocol-2 是 VBC 发送给 PCP 的通讯协议，包含电流单元的状态、申请和各桥臂总电压等。物理层符合 IEC60044-8 标准（光纤介质，通信速率为 10 Mbit/s），链路层符合 IEC60870-5-1 的 FT3 格式。

Protocol-3 协议的物理层为光脉冲，是 PCP 系统发送给 VBC 的表征其是否值班运行的信号，VBC 根据 PCP 的信号决定主机 / 从机。当 PCP 系统处于值班运行状态时，该信号为 1MHz 的高频脉冲，当 PCP 系统处于备用运行状态时，该信号为 10kHz 的脉冲。

3.3.1.2 接口信号含义

PCP 与 VBC 间的信号一览如表 3-2，各信号的具体意义如表 3-3 所示。

表 3-2 VBC 与 PCP 接口信号一览表

协议	接口内容	接口形式	信号方向
Protocol-1	下发控制命令，包括： ① Lock：闭锁信号。 ② Databack_En：阀故障检测允许。 ③ Thy_On：晶闸管动作信号。 ④ Upref1—6：六桥臂输出电压参考。	HDLC IEC60044-8 10 Mbps	PCP → VBC
Protocol-2	上报状态信息，包括： ① VBC_Trip：跳闸请求。 ② VBC_Change：切换请求。 ③ VBC_Warning：轻微故障。 ④ VBC_OK：自检状态。 ⑤ SM_OK：允许解锁。 ⑥ Uc1—6：桥臂 SM 电容电压和。	HDLC IEC60044-8 10 Mbps	VBC → PCP
Protocol-3	下发值班信号，即： Active：系统值班运行信号。	光脉冲 1MHz/ 10kHz	PCP → VBC

表 3-3 VBC 与 PCP 接口信号的具体意义

信号名	类型	协议	说明
Lock	bit	Protocol-1	SM IGBT 闭锁控制位
Databack_En	bit	Protocol-1	SM 启动控制位
Thy_On	bit	Protocol-1	SM 旁路晶闸管控制位
Upref1—6	unsigned int	Protocol-1	6 个桥臂电压参考值
VBC_Trip	bit	Protocol-2	主电路故障跳闸申请状态位
VBC_Change	bit	Protocol-2	VBC 故障切换申请状态位
VBC_Warning	bit	Protocol-2	系统轻微故障状态位
VBC_OK	bit	Protocol-2	系统启动自检状态位
Uc1—6	unsigned int	Protocol-2	6 个桥臂 SM 电容电压和
Active	bit	Protocol-3	值班信号主从状态控制位

3.3.2 极控制保护设备与测量系统接口

3.3.2.1 测量设备的配置

厂家提供测量包括阀侧电流、桥臂电流以及直流侧所有电流量，电流测量直流保护由三台独立保护主机与两台冗余的直流极构成，每站两极共配置合并单元屏柜 8 面。

以极 I 电流测量为例，配置屏柜情况如表 3-4 所示（极 II 配置与此相同）。

表 3-4　单极电流测量设备屏柜配置

屏柜	配置	用途	测量定义
极 I 合并单元屏 1A	1 台合并单元	控制 A 保护 A	桥臂电流互感器、换流变阀侧电流
	1 台合并单元	控制 A 保护 A	极线电流，中性线电流，金属回线电流，中性线接地电流
极 I 合并单元屏 1B	1 台合并单元	控制 B 保护 B	桥臂电流互感器、换流变阀侧电流
	1 台合并单元	控制 B 保护 B	极线电流，中性线电流，金属回线电流，中性线接地电流
极 I 合并单元屏 1C	1 台合并单元	保护 C	桥臂电流互感器、换流变阀侧电流
	1 台合并单元	保护 C	极线电流，中性线电流，金属回线电流，中性线接地电流
极 I 光线配线架柜	光纤配线架	用于户外铠装光缆熔接	

极 I 电压互感器配置情况如表 3-5 所示，极 II 相同。

表 3-5　单极电压互感器配置

配置	用途	测量定义
许继牌测量装置	控制 A 保护 A	阀侧电压 A/B/C，极线电压 UDL，中性线电压 UDN
	控制 B 保护 B	阀侧电压 A/B/C，极线电压 UDL，中性线电压 UDN
	保护 C	电压 A/B/C，极线电压 UDL，中性线电压 UDN

3.3.2.2 测量设备与控制保护系统的连接

控制系统接口板卡通过 FPGA（现场可编程门阵列）来实现光纤数据的收发，主要用于直流控制保护系统中保护算法的实现，详细采集信息见表 3-6 所示。

表 3-6　控制系统接口板卡采集信息

通道	含义	采样频率	屏柜
RX3	IVC 阀侧电流	50k	极 I 合并单元屏 1A
RX4	Uv，UDL，UDN 阀侧和直流电压（极线，中性线）	50k	许继测量装置（目前有 10k 和 50k 两种）
RX5	IDL、IDNC、IDNE、IDGND、IDME	10k	极 I 合并单元屏 1A
RX6	IBP、IBN	50k	极 I 合并单元屏 1A

3.3.2.3　测量设备与阀控系统连接

光 CT 发送给 VBC 的通讯协议在物理层符合 IEC60044-8 标准。

在桥臂电流测量中，每根光纤有 3 路桥臂电流量，为上桥臂或者下桥臂的 3 路。

每一路桥臂电流的测量数据为 24 位，数字量 15000 对应额定电流数值，电流测量值 = 测量数字量 ×（额定电流值 /15000）。

3.3.3　极控制保护设备与交流一次设备的接口

直流极控屏采用本屏柜内配置的 I/O 机箱来跳开换流变开关，以及接入紧急停运等开入信号，该 I/O 机箱典型配置如图 3-10（最终配置以现场图纸为准）。

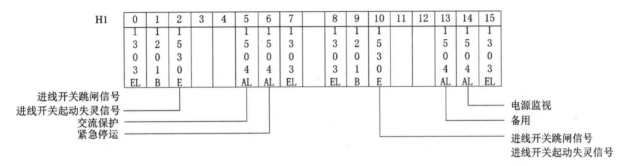

图 3-10　直流极控屏 I/O 机箱配置

紧急停运等开入信号采用 NR1504AL 板卡，是通用型开关量输入板，能采集现场的 19 路 220V 开关量，并通过 CAN 总线送给极控主机。

换流变跳闸开出信号由 NR1530E 板卡开出接点实现，通过 CAN 总线与主机通讯。两套保护信号接点是同时动作。

两种接口板卡的简介见表 3-7。

表 3-7　各型号接口板卡简介

序号	型号	接口说明	参数	用途
1	NR1530E	4 路开出、11 路开入	额定电压 DC110/220V	主要用于换流变跳闸出口
2	NR1504AL	19 路开入	额定电压 DC110/220V	通用开入接口

3.3.4　极控制保护设备与故障录波装置的接口

故障录波装置与直流控制保护装置、合并单元装置进行通讯，均采用 60044-8 协议通讯。PCP 装置输出 10K 数据，遵循 IEC60044-8 协议所定义的点对点串行 FT3 通用数据接口标准。MU 装置可同时输出 10K 或 50K 采样数据，10K 采样数据格式遵循 IEC60044-8 协议所定义的点对点串行 FT3 扩展 22 通道通用数据接口标准。

3.4　人机接口

3.4.1　极控制装置面板指示灯说明

图 3-11 所示为极控制装置面板指示灯，各意义如下：

"装置运行"为绿色，装置正常运行时点亮，熄灭表明装置不处于工作状态；

"报警"为红色，装置有报警信号时点亮；

"值班"为绿色，本系统为值班时点亮；

"备用"为黄色，本系统为备用时点亮；

"服务"为黄色，本系统为服务时点亮；

"测试"为红色，本系统为测试时点亮。

图 3-11　极控制装置的面板指示灯

3.4.2　极控制装置面板按钮说明

图 3-12 所示为极控制装置面板按钮，用于手动切换主机当前工作状态，状态切换关系如按钮下的标注（运行→备用，服务→试验，试验→服务）。

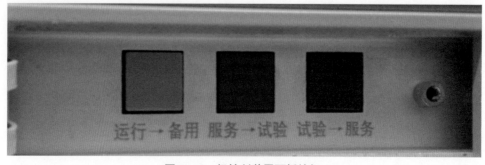

图 3-12　极控制装置面板按钮

第4章 柔性直流保护系统

4.1 概述

4.1.1 系统构成及区域划分

4.1.1.1 直流保护功能配置（大保护）

柔性直流输电系统中的直流保护系统的作用是在直流系统出现各种类型的故障时，尽可能地通过改变控制策略或者移除最少的故障元件，使得故障对于系统和设备的影响最小。直流保护系统对大部分故障提供两种及以上原理的保护，以及主后备保护。其基本功能配置如下。

（1）交流保护：交流连接母线差动、交流连接母线过流、交流过压保护、交流欠压保护、交流频率保护。

（2）换流器保护：换流器过流保护、桥臂过流保护、桥臂电抗差动保护、阀侧零序分量保护、阀差动保护、桥臂环流保护。

（3）直流场保护：直流电压不平衡保护、直流欠压过流保护、直流低电压保护、直流过电压保护、直流线路纵差保护。

4.1.1.2 保护区域划分

本章以下部分以厦门柔直工程为例，从直流保护的构成、原理、检修试验等角度对直流保护系统进行介绍。

柔性直流输电系统的保护根据一次设备和柔性直流的特点划分的区域如图 4-1 所示，图中包含：①交流保护区，②换流变压器保护区，③交流连接线保护区，④换流器保护区，包括阀和子模块保护，⑤直流极保护区，⑥双极保护区，⑦直流线路区。以上保护区域的划分确保了对所有相关的直流设备的涵盖，相邻保护区域之间重叠，不存在死区问题。

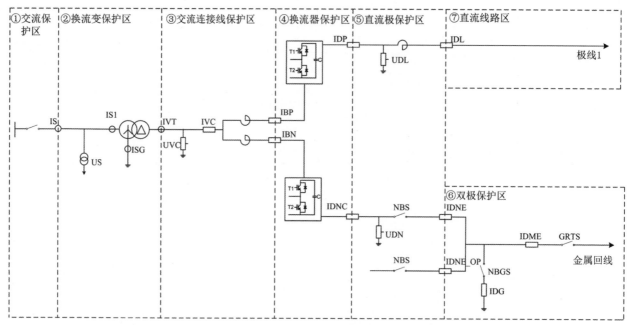

图 4-1　直流保护配置及测点

4.1.1.3　换流变保护区配置

换流变保护区主要对换流变压器进行保护，保护功能配置及其测点信息如图 4-2 所示。

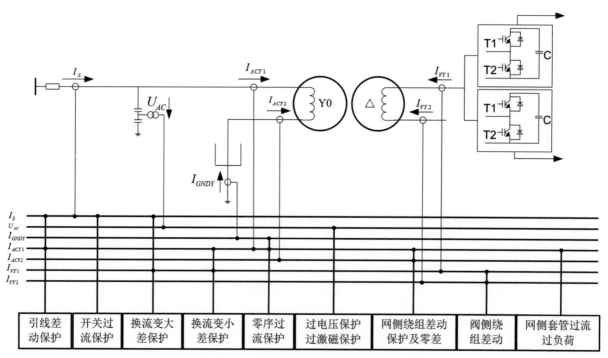

图 4-2　换流变压器保护区保护配置

4.1.1.4　交流连接线保护区配置

交流连接母线区主要对换流变压器与换流器之间的交流母线进行保护，保护类型、保护区域、保护故障清除策略及所反映的故障如图 4-3 所示。

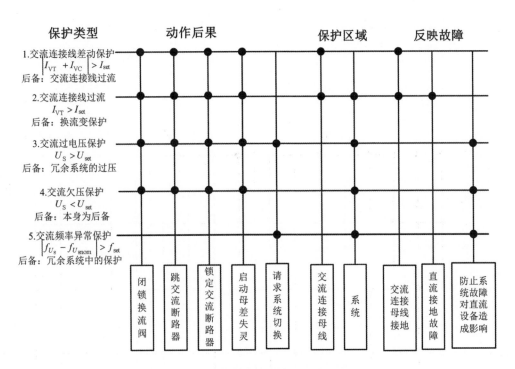

图 4-3　交流连接线保护区保护配置

4.1.1.5　换流器保护区配置

换流器区主要对换流器、换流器与交流母线的部分连接线路以及桥臂电抗器进行保护，具体保护类型、保护区域、保护故障清除策略及所反映的故障如图 4-4 所示。

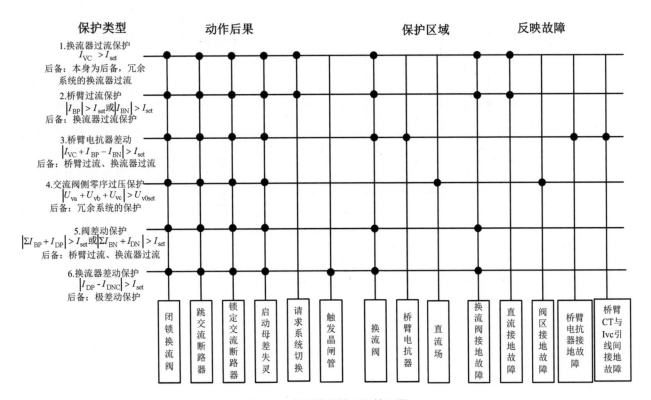

图 4-4　换流器保护区保护配置

4.1.1.6 直流极保护区配置

直流极保护区包括极高压母线区和中性母线区,主要是对极母线上的设备进行保护。具体保护类型、保护区域、保护故障清除策略及所反映的故障如图 4-5 所示。

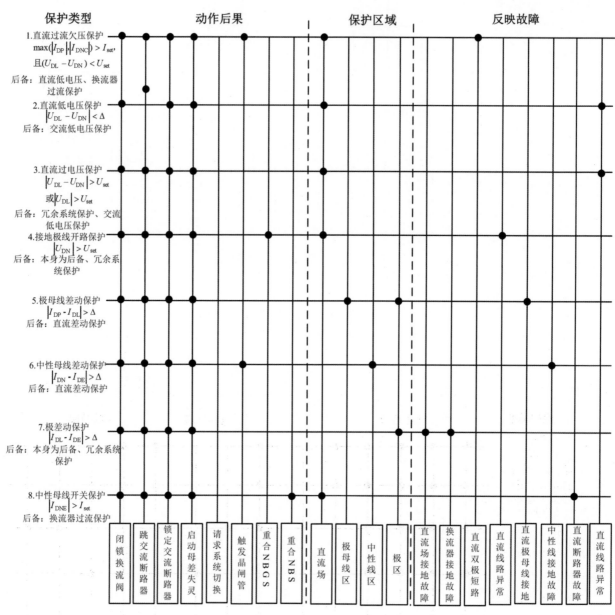

图 4-5 直流极保护区保护配置

4.1.1.7 直流线路保护区配置

直流线路保护区主要对直流输电线路进行保护,包括直流线路纵差保护和金属回线纵差保护,具体保护类型、保护区域、保护故障清除策略及所反映的故障如图 4-6 所示。

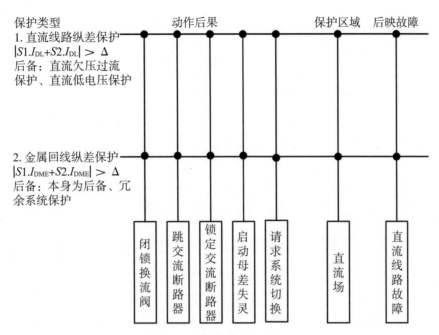

图 4-6　直流线路保护区保护配置

4.1.1.8　双极保护区配置

双极保护区主要是对双极共用区域进行保护，具体保护类型、保护区域、保护故障清除策略及所反映的故障如图 4-7 所示。

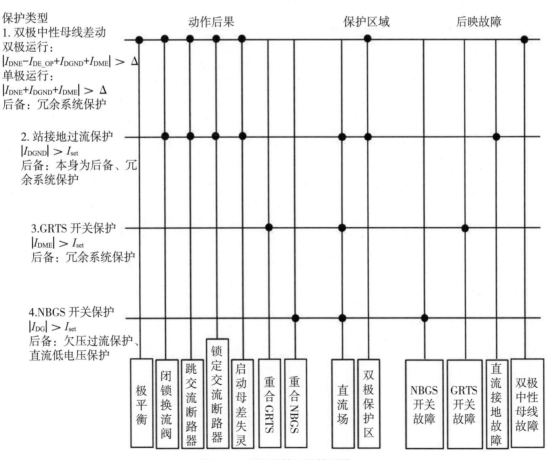

图 4-7　双极保护区保护配置

4.1.2　直流保护系统的结构特点

（1）按极配置直流保护系统。

（2）直流保护系统由三台独立保护主机与两台冗余的三取二逻辑主机构成。通过三取二逻辑确保每套保护的单一元件损坏时保护不误动，保证安全性；只有当三套保护主机中有两套相同类型保护动作被判定为正确的动作行为，才允许出口闭锁或跳闸，保证可靠性。

（3）"三取二"逻辑同时实现于独立的"三取二主机"和"控制主机"中。三取二主机接收各套保护分类动作信息，其三取二逻辑出口实现在跳换流变开关、启动开关失灵等情况下的保护功能；控制主机同样接收各套保护分类动作信息，通过相同的三取二保护逻辑实现闭锁、跳交流开关、极隔离功能等其他动作出口。

（4）直流保护系统采用动作矩阵出口方式，灵活方便地设置各类保护的动作处理策略。区别不同的故障状态，对所有保护合理安排警告、报警、设备切除、再起动和停运等不同的保护动作处理策略。

（5）每一个保护的跳闸出口分为两路供给同一断路器的两个跳闸线圈。

（6）所有保护的报警和跳闸都在运行人员工作站上事件列表中醒目显示。

（7）保护有各自准确的保护算法和跳闸、报警判据，以及各自的动作处理策略；根据故障程度的不同、发展趋势的不同，某些保护具有分段的执行动作。

（8）直流保护系统工作在测试状态时，保护除不能出口外，正常工作。保护在直流系统非测试状态运行时，均正常工作，并能正常动作。保护自检系统检测到测量故障时，闭锁保护功能；在检测到装置硬件故障时，闭锁保护出口。

4.1.3　直流保护系统的出口动作策略

直流保护系统根据不同的故障类型，采取不同的故障清除措施，具体出口动作处理策略类型包括如下。

（1）永久性闭锁 PERM_BLOCK：发送闭锁脉冲到全部的器件，使所有换流阀立即闭锁。

（2）晶闸管开通 SCR_ON：为了防止 IGBT 上并联的二极管损坏，所以送给 VBC 的晶闸管开通信号，这是 MMC 结构特有的动作，主要用在阀差动保护动作、换流器差动保护动作以及直流欠压过流保护动作，或者检测到双极短路故障时。

（3）交流断路器跳闸 TRIP：该动作跳开换流变交流断路器开关，中断交流网络和换流站的连接，防止交流系统向位于变压器换流站侧的故障注入电流。另外，交流电源的移除也防止了换流阀遭受不必要的电压应力，尤其是在遭受电流应力的同时。

（4）交流断路器锁定 LOCK：在发送断路器跳闸命令的同时，也要发送锁定信号来闭锁断路器，这是为了防止运行人员找到故障起因前开关误闭合。锁定命令和解除锁定命令也可以由运行人员手动发出。

（5）控制系统切换 SS：有一些故障情况是由于控制系统的问题造成的，控制系统切换后故障可以消失，保持继续输送功率，因此有些保护装置动作后第一动作是请求控制系统切换。这些保护可能包括：交流过流保护，直流过压保护，桥臂过流Ⅱ、Ⅲ保护等。

（6）极隔离 ISO：极隔离指断开直流侧母线和直流侧电缆的连接，通过在正常停电的情况下手动执行，或者故障情况下发送保护动作命令来完成。

（7）报警 ALARM：对于不影响正常运行的故障的首要反应措施是通过报警来告知运行人员出现问题，但系统仍然保持在正常运行状态。

（8）极平衡：当双极运行时如果接地极线电流过大，则进行此操作，以平衡两极的功率，减小接地极线电流。

（9）重合开关：当各转换开关不能断弧时保护转换开关。

4.1.4　直流保护"三取二"实现方案

厦门柔直工程直流保护采用三重化配置，出口采用三取二逻辑判别。该"三取二"逻辑同时实现于独立的"三取二"主机和控制主机中。

保护三取二功能如图 4-8 所示。

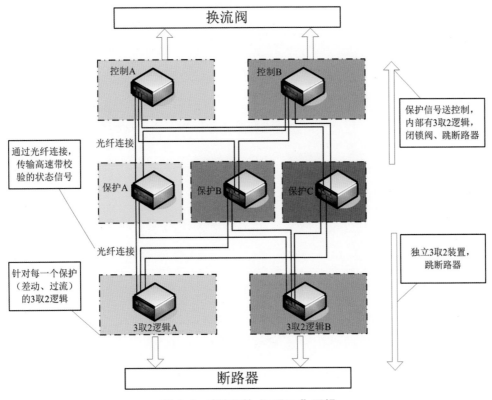

图 4-8　直流保护"三取二"逻辑

在图中，"三取二"主机采用冗余配置，接收各套保护分类动作信息，其三取二逻辑出口实现跳换流变开关、启动母差失灵保护等功能。

控制主机配置了相同的三取二逻辑。各控制主机同样接收各套保护分类动作信息，通过相同的三取二保护逻辑出口，实现闭锁、跳交流开关、启动母差失灵等功能。

直流系统的三套保护，以光纤方式连接到冗余的交换机与控制主机进行通讯，传输经过校验的数字量信号。每套保护分别通过两根光纤与冗余的三取二装置中的一套通讯，两根光纤通讯的信号完全相同，当三取二装置同时收到两根光纤的动作信号以后才表明该套保护动作。三重保护与三取二逻辑构成一个整体，三套保护主机中有两套相同类型保护动作被判定为正确的动作行为，才允许出口闭锁或跳闸，以保证可靠性和安全性。此外：

（1）当三套保护系统中有一套保护因故退出运行后，采取二取一保护逻辑；

（2）当三套保护系统中有两套保护因故退出运行后，采取一取一保护逻辑；

（3）当三套保护系统全部因故退出运行后，极闭锁。

4.2　直流保护系统调试

4.2.1　直流保护装置特点

厦门柔直工程现场直流保护系统 PPR 由南瑞继保生产的 PCS-9559 IO 单元、PCS-9552 直流保护单元、PCS-9552 保护三取二单元组成。与交流站保护设备相比，其具有如下特点：

（1）同一个装置既有模拟量采样又有数字量采样，测试时须使用常规继保测试仪与数字式继保测试仪。

（2）无液晶显示屏，报文查看与定值下装修改均在后台实现。

从提高工作效率角度考虑，可将测试仪放在就地装置屏柜，通过网线在主控室完成保护装置逻辑调试。

4.2.2　模拟量和数字量的电压电流变比参数

直流保护系统在测试前需要对继电保护测试仪进行参数配置，其中涉及到的重要参数便是如表 4-1 所示的电压电流量的变比及额定码值。

表中涉及额定码值的均为数字量，采用 IEC60044-8 协议，即 FT3 协议。

表 4-1　模拟量和数字量电压电流变比及额定码值

项目	额定码值	设备原边	单位	设备副边	单位
IVT	—	2000	A	1	A
US	—	220	kV	100	V

续表

项目	额定码值	设备原边	单位	设备副边	单位
UVC	6000	320	kV	—	—
IVC	2000	1850	A	—	—
IDL,IDP,IDNC,IDNE,IDNE_OP	2000	1600	A	—	—
IDME	2000	1600	A	—	—
IDGND	2000	1600	A	—	—
IBP,IBN	2000	1850	A	—	—
UDL	6000	320	kV	—	—
UDN（S1，S2）	6000	50	kV	—	—

4.2.3 试验接线

直流保护系统采样既接收来自常规电磁式互感器的模拟量也接收来自电子式互感器提供的数字量。前者项目包括交流场区域的网侧电压 US、换流变低压绕组首末端套管电流 IVT1、IVT2；后者项目包括交流连接线电流 IVC，上下桥臂电流 IBP、IBN，极线电流 IDP、IDL，中性母线电流 IDNC、IDNE，对极中性母线电流 IDNE_OP，接地极电流 IDGND，金属回线电流 IDME，阀侧电压 UVC，直流电压 UDL、UDN。其中 IVC、IBP、IBN 共用一根光纤传输、IDP、IDL、IDNC、IDNE、IDNE_OP、IDG、IDME 共用一根光纤传输，UVC、UDL、UDN 共用一根光纤传输。

常规继保测试仪使用方法简单，只要将电压电流试验导线接到对应端子排即可，此处不再介绍，下面具体介绍如何通过博电数字式继保测试仪 "PowerTest For PNF801" 给直流保护系统加量。

PNF801 含有 8 个 FT3 口，选取其中三个口通过光纤与直流保护主机背板光口进行相连，接线如图 4-9 所示。

4.2.4 测试仪配置

（1）点击 PNF801 软件图标，进入如图 4-10 所示的软件主界面。

（2）点击 "通用试验（扩展）" 或者 "状态序列" 进入如图 4-11 所示界面。

（3）单击工具栏中 "IEC"，进入如图 4-12 所示配置界面。

（4）点击左上角 "系统参数设置"，进入图 4-13 界面，将 "输出选择" 设置为 "IEC60044-8（国网）"。

（5）点击左侧 "IEC60044-7/8 报文"，进入 FT3 通道配置界面，设置方法如下：

1）根据表 4-1，将保护电流（SCP）、测量电流（SCM）、保护电压（SV）的码值分别设置为 2000、15000、6000，根据被试验装置参数配置将 "被测装置采样率" 设置为 10kHz，"波特率" 设置为 10Mbps，将保护额定电流、零序额定电流、额定相电压分别设置为 1、1、17.32。

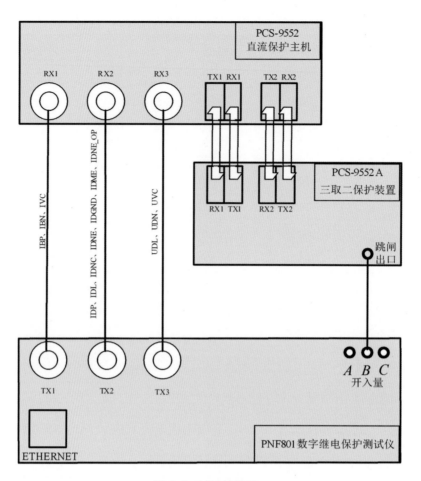

图 4-9　试验接线图

图 4-10　博电 PNF801 测试仪主界面

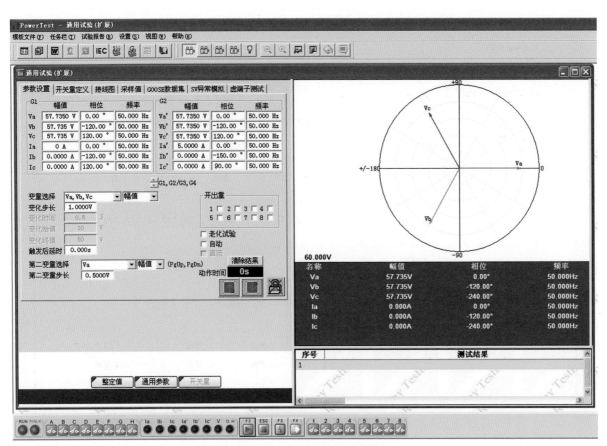

图 4-11 通用试验测试界面

图 4-12 配置界面

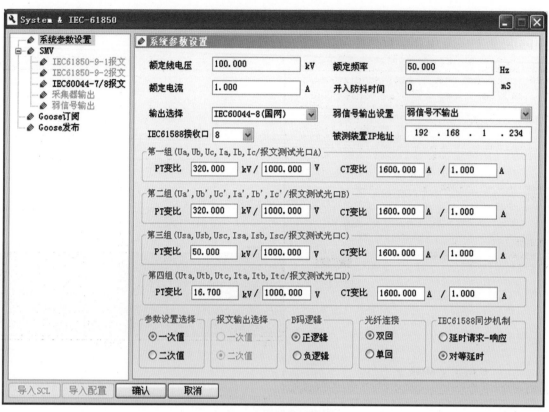

图 4-13　系统参数设置

2）根据图 4-9 接线，选取前三组分别对应光口 1、光口 2、光口 3，并根据保护装置接收合并单元数据通道号完成传输物理量通道的映射设置，设置结果分别如图 4-14（a）、（b）、（c）所示。

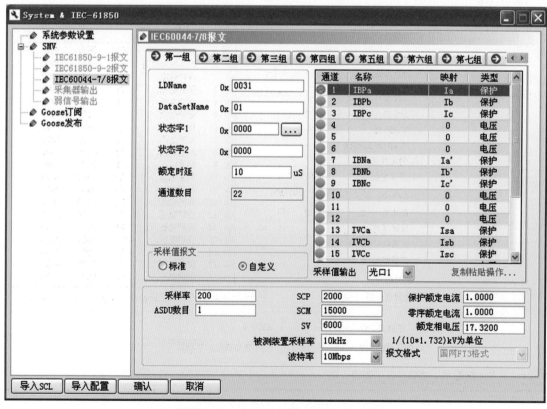

（a）桥臂电流、交流连接线电流通道映射设置

（b）直流电流通道映射设置

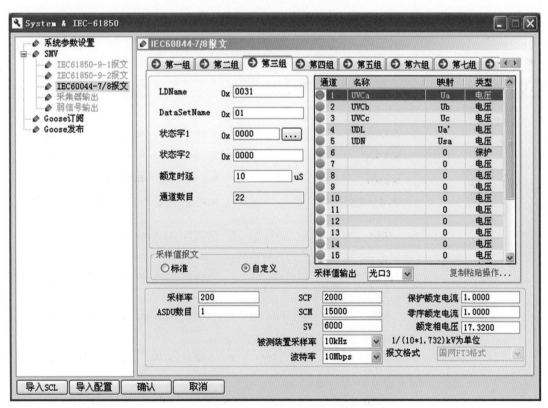

（c）直流电压、阀侧电压通道映射设置

图 4-14　物理量通道映射设置

（6）回到图 4-13，根据图 4-14 映射设置，由于不同光口的物理量 CT 变比不同，且有共用 1 个通道的情况，因此试验过程中应将未试验光口关闭。根据表 4-1 将光口 1、光口 2、光口 3 的 CT、PT

参数分别设置如图 4-15（a）、（b）所示。其中 PT 变比的二次值是根据图 4-14 中的"额定相电压"来设置的。

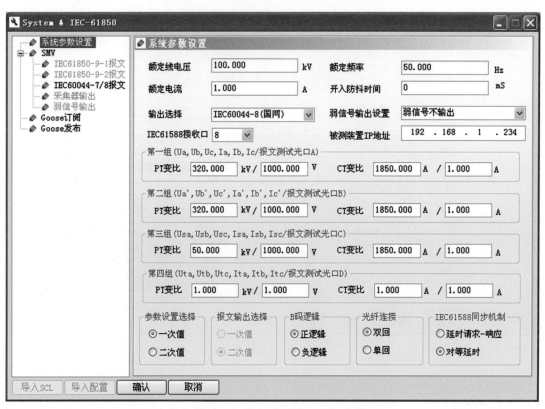

（a）光口 1、光口 3 CT、PT 变比设置

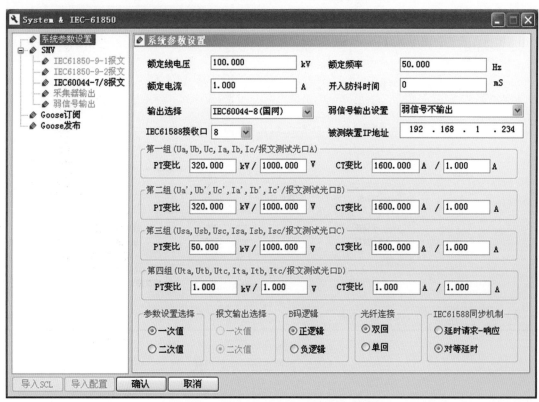

（b）光口 2、光口 3 CT、PT 变比设置

图 4-15　不同光口 CT、PT 变比参数设置

（7）点击"确认"完成配置回到测试界面。

（8）PNF801 测试仪配置有硬接点开入开出通道，可将跳闸节点接到测试仪的开入通道，以便完成出口时间测试。

（9）测试仪直流量设置。

1）直流量输出设置。要使测试仪输出直流量，只要将"通用试验（扩展）"测试界面中将对应映射通道频率改为 0Hz，或者在"状态序列"测试界面中勾选中"直流"复选框即可。

2）改变直流量的正负输出。PNF801 直流量的正负输出只能在"通用试验（扩展）"测试界面中设置，当需要输出正值时，将对应映射通道相位改为 0°，需要输出负值时，将对应映射通道相位改为 180°。

4.2.5　直流控制保护逻辑测试方法

4.2.5.1　程序标幺值约定

程序中定值标幺值 p.u. 和一次值对应关系如表 4-2。一次值不作为定值整定项，在程序内部固定。

表 4-2　标幺值 p.u. 和一次值的对应关系

项目名称	项目（单位）	鹭岛换流站	浦园换流站
网侧额定	电压（kV）	230	230
直流额定	功率（MW）	500	500
	电压（kV）	320	320
	电流（A）	1562.5	1562.5
阀侧额定	功率（MVA）	530	530
	电压（kV）	166.57	166.57
	电流有效值（A）	1837.04	1837.04
	电流峰值（A）	2597.57	2597.57
桥臂电流	额定交流（A）	918.52	918.52
	额定直流（A）	520.83	520.83
	电流有效值（A）	1055.91	1055.91
	电流峰值（A）	1819.82	1819.82

4.2.5.2　保护用电流极性

图 4-16 中的红色箭头代表的是 CT、PT 的一次极性朝向，差动保护严格按照此方向编写程序，差动保护测试时需要根据实际极性确定量值方向。

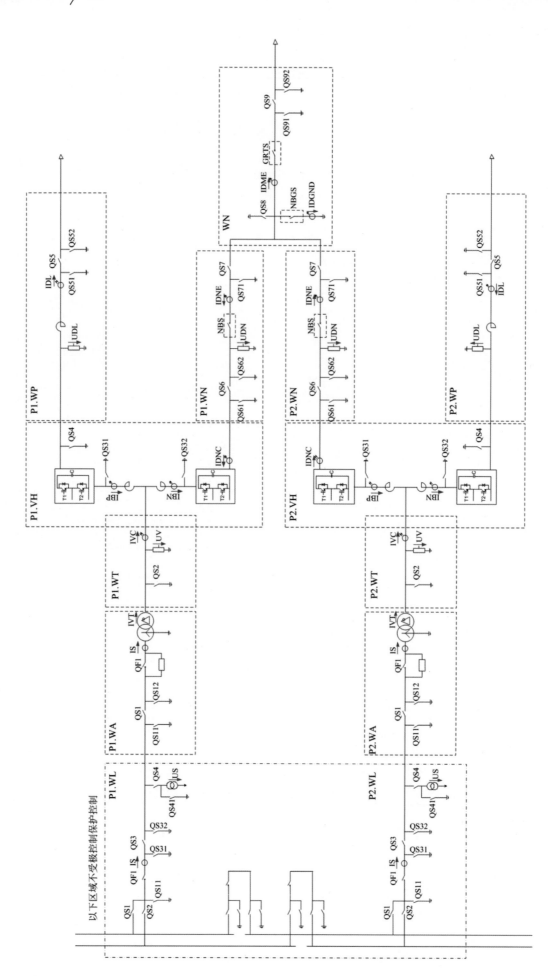

图 4-16 电压电流方向

4.2.5.3 保护逻辑

针对不同的故障类型，保护系统采取的故障清除策略主要有以下 5 种：

策略 1——闭锁换流阀，跳交流断路器，启动失灵，中性母线隔离；

策略 2——触发晶闸管，闭锁换流阀，跳交流断路器，启动失灵，中性母线隔离；

策略 3——请求系统切换，闭锁换流阀，跳交流断路器，启动失灵，中性母线隔离；

策略 4——触发极平衡，闭锁换流阀，跳交流断路器，启动失灵；

策略 5——重合转换开关。

下面将从原理算法上详细介绍直流保护逻辑（以厦门柔直工程为例）。

4.2.5.3.1 交流过电压保护

保护原理：$U_s < U_{set}$

闭锁条件：无。

交流过电压保护定值单：

序号	描述	定值	单位
1	动作定值	1.2	p.u.
2	系统切换时间	1600	ms
3	动作时间	2000	ms
4	投退	1	—

说明：定值中 p.u. 取网侧额定电压 230kV。

4.2.5.3.2 交流低电压保护

保护原理：$U_s < U_{set}$

闭锁条件：阀处于解锁状态。

交流低电压保护定值单：

序号	描述	定值	单位
1	动作定值	0.6	p.u.
2	动作时间	1800	ms
4	投退	1	—

说明：定值中 p.u. 取网侧额定电压 230kV。

4.2.5.3.3 交流频率异常保护

保护原理：$|f_{Us} - f_{Usnom}| > f_{set}$

基准频率：$f_{Usnom} = 50\text{Hz}$

闭锁条件：阀处于解锁状态。

交流频率异常保护定值单：

序号	描述	定值	单位
1	动作定值	0.5	Hz
2	动作时间	2000	ms
4	投退	1	—

4.2.5.3.4 交流阀侧零序过压保护

保护原理：$|U_{va}+U_{vb}+U_{vc}| > U_{voset}$，计算中相电压滤除直流分量。

闭锁条件：无。

动作条件：零序电压模值大于0.4p.u.，时间大于150ms，其中p.u.取阀侧额定相电压（$166.57/\sqrt{3}$ kV）

交流阀侧零序过压保护定值单：

序号	描述	定值	单位
1	动作定值	0.4	p.u.
2	动作时间	150	ms
3	投退	1	—

4.2.5.3.5 交流连接线过流保护

保护原理：$I_{VT1} > I_{set}$ & $I_{VT2} > I_{set}$

I_{VT}为换流变压器低压绕组套管电流，由于采用Y/d7接线方式，因此参与每一相连接线过流计算的套管电流包括该相绕组末端电流和另一相绕组首端电流，配置三段式保护。

闭锁条件：无。

Ⅰ段动作条件：瞬时值大于1.8p.u.，时间大于5ms。其中p.u.取阀侧电流峰值2597.57A。

Ⅱ段动作条件：有效值大于1.2p.u.，时间大于3000ms。其中p.u.取阀侧电流有效值1837.04A。

Ⅲ段定值p.u.取阀侧电流有效值1837.04A。

交流连接线过流保护定值单：

序号	描述	定值	单位
1	Ⅰ段动作定值	1.8	p.u.
2	Ⅰ段动作时间	5	ms
3	Ⅱ段动作定值	1.2	p.u.
4	Ⅱ段动作切换	2500	ms
5	Ⅱ段动作时间	3000	ms
6	Ⅲ段动作定值	1.05	p.u.

续表

序号	描述	定值	单位
7	Ⅲ段动作切换	121	min
8	Ⅲ段动作时间	122	min
9	Ⅰ段保护投退	1	—
10	Ⅱ段保护投退	1	—
11	Ⅲ段保护投退	1	—

4.2.5.3.6 交流连接线差动保护

保护原理：$|I_{VT}+I_{VC}| > I_{set}$，不带比率制动系数。公式中，$I_{VT}$ 如前所述为换流变压器低压绕组套管电流，参与每一相交流连接线差动保护计算的套管电流包括该相绕组末端电流和另一相绕组首端电流；I_{VC} 为交流连接线上光 CT 电流。

闭锁条件：无。

动作条件：差动电流瞬时值大于 0.6p.u.，时间大于 4ms，其中 p.u. 取阀侧电流峰值 2597.57A。可按图 4-17 计算所加测试量。

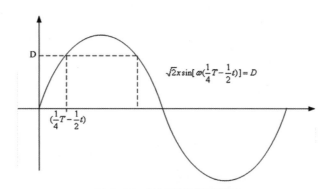

图 4-17 测试量计算示意图

交流连接线差动保护定值单：

序号	描述	定值	单位
1	动作定值	0.6	p.u.
2	动作时间	4	ms
4	投退	1	—

4.2.5.3.7 桥臂电抗差动保护

保护原理：$|I_{VC}+I_{BP}-I_{BN}| > I_{set}$，不带比率制动系数，动作时间程序内部固定为 1ms。

闭锁条件：无。

动作条件：差动电流瞬时值大于 1.0p.u.，时间大于 1ms。其中 p.u. 取直流额定电流 1562.5A。

桥臂电抗差动保护定值单：

序号	描述	定值	单位
1	动作定值	1.0	p.u.
2	投退	1	—

4.2.5.3.8 阀差动保护

保护原理：$|\sum I_{BP}+I_{DP}| > I_{set}$ 或 $|\sum I_{BN}+I_{DN}| > I_{set}$，不带比率制动系数，动作时间程序内部固定为 1ms，该保护动作后触发晶闸管保护。

闭锁条件：无。

动作条件：差动电流瞬时值大于 0.6p.u.，时间大于 1ms。其中 p.u. 取直流额定电流 1562.5A。

阀差动保护定值单：

序号	描述	定值	单位
1	动作定值	0.6	p.u.
2	投退	1	—

4.2.5.3.9 桥臂过流保护

保护原理：$|I_{BP}| > I_{set}$ 或 $|I_{BN}| > I_{set}$，由三段保护组成。

闭锁条件：无。

Ⅰ段动作条件：瞬时值大于 1.8p.u.，时间大于 1ms。其中 p.u. 取桥臂电流峰值 1819.82A。

Ⅱ段动作条件：傅里叶变换已将直流分量滤除，程序中只考虑交流基波分量有效值大于 1.2p.u.，时间大于 3000ms。其中 p.u. 取桥臂电流有效值 1055.91A。

Ⅲ段定值 p.u. 取桥臂电流有效值 1055.91A。

桥臂过流保护定值单：

序号	描述	定值	单位
1	Ⅰ段动作定值	1.374	p.u.
2	Ⅰ段动作时间	0.5	ms
3	Ⅱ段动作定值	1.2	p.u.
4	Ⅱ段动作切换	2500	ms
5	Ⅱ段动作时间	3000	ms
6	Ⅲ段动作定值	1.05	p.u.
7	Ⅲ段动作切换	121	min

续表

序号	描述	定值	单位
8	Ⅲ段动作时间	122	min
9	Ⅰ段保护投退	1	—
10	Ⅱ段保护投退	1	—
11	Ⅲ段保护投退	1	—

4.2.5.3.10　换流器过流保护

保护原理：$|I_{VC}| > I_{set}$，由三段保护组成。

闭锁条件：无

Ⅰ段动作条件：瞬时值大于1.8p.u.时间大于5ms。其中p.u.取阀侧电流峰值2597.57A。

Ⅱ段动作条件：傅里叶变换已将直流分量滤除，程序中只考虑交流基波分量有效值大于1.2p.u.时间大于3000ms。其中p.u.取阀侧电流有效值1837.04A。

Ⅲ段定值p.u.取阀侧电流有效值1837.04A。

换流器过流保护定值单：

序号	描述	定值	单位
1	Ⅰ段动作定值	1.8	p.u.
2	Ⅰ段动作时间	5	ms
3	Ⅱ段动作定值	1.2	p.u.
4	Ⅱ段动作切换	2500	ms
5	Ⅱ段动作时间	3000	ms
6	Ⅲ段动作定值	1.05	p.u.
7	Ⅲ段动作切换	121	min
8	Ⅲ段动作时间	122	min
9	Ⅰ段保护投退	1	—
10	Ⅱ段保护投退	1	—
11	Ⅲ段保护投退	1	—

4.2.5.3.11　换流器差动保护

保护原理：$|I_{DP}-I_{DNC}| > I_{set}$，不带比率制动，该保护动作后具有触发晶闸管保护功能。

闭锁条件：无。

动作条件：差动电流瞬时值大于1.0p.u.，时间大于5ms。其中p.u.取直流额定电流1562.5A。

换流器差动保护定值单:

序号	描述	定值	单位
1	动作定值	1.0	p.u.
2	动作时间	5	ms
3	投退	1	—

4.2.5.3.12 极母线差动保护

保护原理:

极母线差动由两段保护组成,Ⅰ段比率系数为 0.15,Ⅱ段比率系数为 0.2,其比率制动曲线分别如图 4-18(a)、(b)所示。

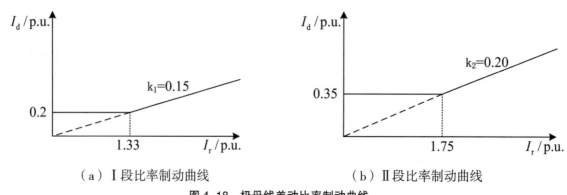

(a)Ⅰ段比率制动曲线　　　　　　(b)Ⅱ段比率制动曲线

图 4-18　极母线差动比率制动曲线

报警动作方程

$$\begin{cases} I_d>0.038\text{p.u.} \\ I_d=|I_{DP}-I_{DL}| \end{cases}$$

Ⅰ段动作方程

$$\begin{cases} I_{d1}>0.2\text{p.u.} \quad I_{r1}<1.33\text{p.u.} \\ I_{d1}>k_1I_{r1} \quad I_{r1}\geqslant 1.33\text{p.u.} \\ I_{d1}=|I_{DP}-I_{DL}| \\ I_{r1}=\max(|I_{DP}|、|I_{DL}|) \end{cases}$$

Ⅱ段动作方程

$$\begin{cases} I_{d2}>0.35\text{p.u.} \quad I_{r2}<1.75\text{p.u.} \\ I_{d2}>k_2I_{r2} \quad I_{r2}\geqslant 1.75\text{p.u.} \\ I_{d2}=|I_{DP}-I_{DL}| \\ I_{r2}=\max(|I_{DP}|、|I_{DL}|) \\ U_{dl}<U_{set} \end{cases}$$

式中 p.u. 取直流额定电流 1562.5A。

闭锁条件:极中性母线处于连接状态,即须判 QS6 或者 QS7 合位。

极母线差动保护定值单：

序号	描述	定值	单位
1	报警定值	0.038	p.u.
2	Ⅰ段启动定值	0.2	p.u.
3	Ⅰ段比率系数	0.15	—
4	Ⅰ段动作时间	150	ms
5	Ⅱ段启动定值	0.35	p.u.
6	Ⅱ段比率系数	0.2	—
7	Ⅱ段低压判据电压定值	0.54	p.u.
8	Ⅱ段动作时间	6	ms
9	投退	1	—

4.2.5.3.13 中性母线差动保护

保护原理：

中性母线差动由两段保护组成，Ⅰ段比率系数为 0.1，Ⅱ段比率系数为 0.2，其比率制动曲线分别如图 4-19（a）、（b）所示。

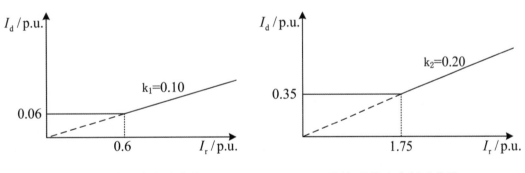

（a）Ⅰ段比率制动曲线　　　　　（b）Ⅱ段比率制动曲线

图 4-19　中性母线差动比率制动曲线

报警动作方程

$$\begin{cases} I_d > 0.038 \text{p.u.} \\ I_d = |I_{DNC} - I_{DNE}| \end{cases}$$

Ⅰ段动作方程

$$\begin{cases} I_{d1} > 0.06 \text{p.u.} & I_{r1} < 0.6 \text{p.u.} \\ I_{d1} > k_1 I_{r1} & I_{r1} \geqslant 0.6 \text{p.u.} \\ I_{d1} = |I_{DNC} - I_{DNE}| \\ I_{r1} = \max(|I_{DNC}|、|I_{DNE}|) \end{cases}$$

Ⅱ段动作方程

$$\begin{cases} I_{d2} > 0.35\text{p.u.} & I_{r2} < 1.75\text{p.u.} \\ I_{d2} > k_2 I_{r2} & I_{r2} \geqslant 1.75\text{p.u.} \\ I_{d2} = |I_{DNC} - I_{DNE}| \\ I_{r2} = \max\ (|I_{DNC}|、\ |I_{DNE}|) \end{cases}$$

式中 p.u. 取直流额定电流 1562.5A。

闭锁条件：中性母线连接，即 QS6 或者 QS7 合位。

中性母线差动保护定值单：

序号	描述	定值	单位
1	报警定值	0.038	p.u.
2	Ⅰ段启动定值	0.06	p.u.
3	Ⅰ段比率系数	0.10	—
4	Ⅰ段动作时间	150	ms
5	Ⅱ段启动定值	0.35	p.u.
6	Ⅱ段比率系数	0.2	—
7	Ⅱ段动作时间	16	ms
8	投退	1	—

4.2.5.3.14 直流欠压过流保护

保护原理：由于极Ⅰ、极Ⅱ极线电压一正一负，电压判据公式有所区别，分别如下。

极Ⅰ判据——$\max\ (|I_{DP}|,\ |I_{DNC}|) > I_{set}$，且 $(U_{DL} - U_{DN}) < U_{set}$

极Ⅱ判据——$\max\ (|I_{DP}|,\ |I_{DNC}|) > I_{set}$，且 $(U_{DN} - U_{DL}) < U_{set}$

该保护为柔性直流输电系统的主保护，该保护动作后触发晶闸管保护。

闭锁条件：系统处于带电状态。

动作条件：电流大于 2.5p.u. 且电压差小于 0.5p.u.，其中电流 p.u. 取直流额定电流 1562.5A，电压 p.u. 取直流额定电压 320kV。

直流欠压过流保护定值单：

序号	描述	定值	单位
1	电流定值	2.5	p.u.
2	电压定值	0.5	p.u.
3	投退	1	—

4.2.5.3.15 极差动保护

保护原理：

极差动由两段保护组成，Ⅰ段比率系数为0.1，Ⅱ段比率系数为0.2，其比率制动曲线分别如图4-20（a）、（b）所示。

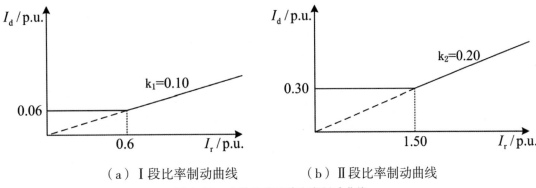

（a）Ⅰ段比率制动曲线　　　（b）Ⅱ段比率制动曲线

图4-20　中性母线差动比率制动曲线

报警动作方程

$$\begin{cases} I_d > 0.038 \text{p.u.} \\ I_d = |I_{DL} - I_{DNE}| \end{cases}$$

Ⅰ段动作方程

$$\begin{cases} I_{d1} > 0.06 \text{p.u.} & I_{r1} < 0.6 \text{p.u.} \\ I_{d1} > k_1 I_{r1} & I_{r1} \geq 0.6 \text{p.u.} \\ I_{d1} = |I_{DL} - I_{DNE}| \\ I_{r1} = \max(|I_{DL}|、|I_{DNE}|) \end{cases}$$

Ⅱ段动作方程

$$\begin{cases} I_{d2} > 0.30 \text{p.u.} & I_{r2} < 1.50 \text{p.u.} \\ I_{d2} > k_2 I_{r2} & I_{r2} \geq 1.50 \text{p.u.} \\ I_{d2} = |I_{DL} - I_{DNE}| \\ I_{r2} = \max(|I_{DL}|、|I_{DNE}|) \end{cases}$$

式中p.u.取直流额定电流1562.5A。

闭锁条件：中性母线连接即QS6或者QS7合位。

极差动保护定值单：

序号	描述	定值	单位
1	报警定值	0.038	p.u.
2	Ⅰ段启动定值	0.06	p.u.
3	Ⅰ段比率系数	0.10	—
4	Ⅰ段动作时间	350	ms

续表

序号	描述	定值	单位
5	II段启动定值	0.30	p.u.
6	II段比率系数	0.2	—
7	II段动作时间	30	ms
8	投退	1	—

4.2.5.3.16 接地极线开路保护

正常运行时鹭岛换流站为固定接地点，不含开关 NBGS，浦园换流站为非接地点，异常情况下可通过合 NBGS 来接地，因此浦园站直流保护还配有合开关 NBGS 的保护，其余的配置两站都一样，只是定值大小有所区别。

保护原理：$|U_{DN}| > U_{set}$

闭锁条件：PCP 发送合 NBGS 指令，换流阀须处解锁状态。

接地极线开路保护定值单：

序号	描述	定值	单位
1	I 段电压定值（非接地）	85	kV
2	I 段电压定值（接地）	10	kV
3	I 段合开关 NBGS 段延时	60	s
4	I 段动作段延时	90	s
5	II 段电压定值（非接地）	115	kV
6	II 段电压定值（接地）	20	kV
7	II 段合开关 NBGS 段延时	350	ms
8	II 段动作段延时	450	ms
9	III 段电压定值（非接地）	250	kV
10	III 段电压定值（接地）	30	kV
11	III 段动作延时（非接地）	30	ms
12	III 段动作延时（接地）	10	ms

4.2.5.3.17 直流过电压保护

保护原理：$|U_{DL}-U_{DN}| > U_{set}$ 或 $|U_{DL}| > U_{set}$

闭锁条件：无。

直流过电压保护定值单：

序号	描述	定值	单位
1	Ⅰ段动作定值	1.15	p.u.
2	Ⅰ段动作时间	10	ms
3	Ⅱ段动作定值	1.05	p.u.
4	Ⅱ段报警时间	2	s
5	Ⅱ段切换时间	6	s
6	Ⅱ段动作时间	10	s
7	投退	1	—

说明：定值中 p.u. 取直流额定电压 320kV。

4.2.5.3.18　直流低电压保护

保护原理：$|U_{DL} - U_{DN}| < \Delta$

闭锁条件：阀处于解锁状态。

直流低电压保护定值单：

序号	描述	定值	单位
1	Ⅰ段动作定值	0.8	p.u.
2	Ⅰ段动作时间	50	ms
3	Ⅱ段动作定值	0.95	p.u.
4	Ⅱ段报警时间	2	s
5	Ⅱ段切换时间	6	s
6	Ⅱ段动作时间	10	s
7	投退	1	—

说明：定值中 p.u. 取直流额定电压 320kV。

4.2.5.3.19　双极中性线差动保护

保护原理：

双极中性线差动保护比例系数为 0.1，其比率制动曲线如图 4-21 所示。

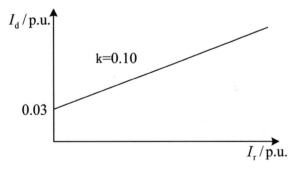

图 4-21　双极中性线差动比率制动曲线

在不同运行方式下（单极、双极），双极中性线差动保护会自动选择对应的计算公式，其动作方程如下。

报警动作方程

$$双极运行\begin{cases} I_d>0.015\text{p.u.} \\ I_d=|P1.I_{DNE}-P2.I_{DNE}+I_{DGND}+I_{DME}| \end{cases}$$

$$极Ⅰ单极运行\begin{cases} I_d>0.015\text{p.u.} \\ I_d=|P1.I_{DNE}+I_{DGND}+I_{DME}| \end{cases}$$

$$极Ⅱ单极运行\begin{cases} I_d>0.015\text{p.u.} \\ I_d=|P2.I_{DNE}-I_{DGND}-I_{DME}| \end{cases}$$

动作方程

$$双极运行\begin{cases} I_d>kI_r+0.03\text{p.u.} \\ I_d=|P1.I_{DNE}-P2.I_{DNE}+I_{DGND}+I_{DME}| \\ I_r=|P1.I_{DNE}-P2.I_{DNE}| \end{cases}$$

$$极Ⅰ单极运行\begin{cases} I_d>kI_r+0.03\text{p.u.} \\ I_d=|P1.I_{DNE}+I_{DGND}+I_{DME}| \\ I_r=|P1.I_{DNE}| \end{cases}$$

$$极Ⅱ单极运行\begin{cases} I_d>kI_r+0.03\text{p.u.} \\ I_d=|P2.I_{DNE}-I_{DGND}-I_{DME}| \\ I_r=|P2.I_{DNE}| \end{cases}$$

式中 p.u. 取直流额定电流 1562.5A。

双极中性母线差动保护"三取二"出口逻辑与其他保护有区别不一样，其三取二出口采用"三取二"，"二取二"，"一取一"原则。为使该保护可靠正确动作，考虑双极闭锁跳闸对系统的影响较大，当 PPR 仅有两套保护处于投入时，采用"二取二"的出口原则；当有三套保护或仅有一套保护处于投入状态时，出口方式和其他保护一致。保护跳闸先由控制极 PPR 动作，进线开关跳开后，控制极切换到另一个极，若此时故障仍存在，再由该极 PPR 跳开本极交流进线开关。

单极闭锁条件：（1）单极 IDNE 判该极 QS6 或 QS7 合；（2）IDGND 判 QS8 合位；（3）IDME 判 QS9 合位。

双极闭锁条件：（1）阀解锁状态；（2）双极 IDNE 判对应极 QS6 或 QS7 合；（3）IDGND 判 QS8 合位；（4）IDME 判 QS9 合位。

双极中性线差动保护定值单：

序号	描述	定值	单位
1	报警定值	0.015	p.u.
2	启动定值	0.03	p.u.
3	动作时间（单极）	600	ms

续表

序号	描述	定值	单位
4	极平衡时间（双极）	200	ms
5	动作时间（双极）	2.0	s
6	投退	1	—

4.2.5.3.20　站接地过流保护

保护原理：$|I_{DGND}| > I_{set}$

站接地过流保护定值根据单极、双极运行方式的不同会有所不同。

双极闭锁条件：

（1）处于控制极；

（2）本极中性线连接（QS6 或 QS7 合），且本极解锁；

（3）极中性线连接（QS6 或 QS7 合），且对极解锁；

（4）NBGS 合位（浦园）或 QS8 合位（鹭岛）。

单极闭锁条件：双极闭锁条件的（1）~（2）中任何一个条件不满足均判定。

站接地过流保护定值单：

序号	描述	定值	单位
1	报警定值	100	A
2	动作定值（单极）	200	A
3	动作时间（单极）	2	s
4	动作定值（双极）	100	A
5	极平衡时间（双极）	1.5	s
6	动作时间（双极）	3	s
7	投退	1	—

4.2.5.3.21　金属回线纵差保护（MRLDP）

保护原理：

金属回线纵差保护比率制动曲线如图 4-22 所示，比率系数为 0.10。

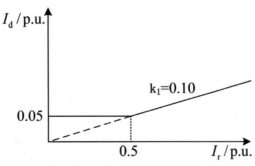

图 4-22　金属回线比率制动曲线

报警动作方程

$$\begin{cases} I_d > 0.30\text{p.u.} & I_r < 0.3\text{p.u.} \\ I_d > kI_r & I_r \geqslant 0.3\text{p.u.} \\ I_d = |S1.I_{DME} + S2.I_{DME}| \\ I_r = \dfrac{1}{2}|S1.I_{DME} - S2.I_{DME}| \end{cases}$$

动作方程

$$\begin{cases} I_d > 0.05\text{p.u.} & I_r < 0.5\text{p.u.} \\ I_d > kI_r & I_r \geqslant 0.5\text{p.u.} \\ I_d = |S1.I_{DME} + S2.I_{DME}| \\ I_r = \dfrac{1}{2}|S1.I_{DME} - S2.I_{DME}| \end{cases}$$

式中 p.u. 取直流额定电流 1562.5A。

该保护涉及两站直流量，需要在两站联调时才能完成比率系数的校验，在单装置调试时只能完成报警和动作启动值测试。

闭锁条件：本站 QS9 合位，站间通讯 OK，选定控制极。

金属回线纵差保护定值单：

序号	描述	定值	单位
1	报警启动定值	0.03	p.u.
2	报警比率系数	0.10	—
3	报警时间	2000	ms
4	动作启动定值	0.05	p.u.
5	动作比率系数	0.10	—
6	动作切换时间	2500	ms
7	动作时间	3000	ms
8	投退	1	—

4.2.5.3.22　直流线路纵差保护（LDLP）

保护原理：直流线路纵差保护其比率制动曲线如图 4-23 所示，比率系数为 0.10。

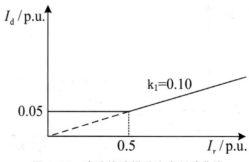

图 4-23　直流线路纵差比率制动曲线

报警动作方程

$$\begin{cases} I_d>0.03\text{p.u.} \quad I_r<0.3\text{p.u.} \\ I_d>kI_r \quad I_r\geqslant0.3\text{p.u.} \\ I_d=|S1.I_{\text{DME}}+S2.I_{\text{DME}}| \\ I_r=\dfrac{1}{2}|S1.I_{\text{DME}}-S2.I_{\text{DME}}| \end{cases}$$

动作方程

$$\begin{cases} I_d>0.05\text{p.u.} \quad I_r<0.5\text{p.u.} \\ I_d>kI_r \quad I_r\geqslant0.5\text{p.u.} \\ I_d=|S1.I_{\text{DME}}+S2.I_{\text{DME}}| \\ I_r=\dfrac{1}{2}|S1.I_{\text{DME}}-S2.I_{\text{DME}}| \end{cases}$$

式中 p.u. 取直流额定电流 1562.5A。

闭锁条件：站间通讯 OK。

该保护涉及两站直流量，需要在两站联调时才能完成比率系数的校验，在单装置调试时只能完成报警和动作启动值测试。

直流线路纵差保护定值单：

序号	描述	定值	单位
1	报警启动定值	0.03	p.u.
2	报警比率系数	0.10	—
3	报警时间	2000	ms
4	动作启动定值	0.05	p.u.
5	动作比率系数	0.10	—
6	动作切换时间	2500	ms
7	动作时间	3000	ms
8	投退	1	—

4.2.5.3.23　中性母线开关保护（NBSP）

保护原理：在 NBS 处于分位一段时间后，若 $|I_{\text{DNE}}|>I_{\text{set}}$，则重合 NBS。

闭锁条件：无。

中性母线开关保护定值单：

序号	描述	定值	单位
1	电流定值	75	A
2	开关分位指示延时	120	ms

4.2.5.3.24 大地回线转换开关保护（GRTSP）

保护原理：在大地回线转换开关处于分位后，若 $|I_{DME}| > I_{set}$，则重合开关 GRTS。

闭锁条件：无。

大地回线转换开关保护定值单：

序号	描述	定值	单位
1	电流定值	20	A
2	开关分位指示延时	200	ms

4.2.5.3.25 站接地开关保护（NBGSP）

保护原理：在站内接地开关处于分位后，若 $|I_{DG}| > I_{set}$，则重合开关 NBGS。

闭锁条件：无。

站接地开关保护定值单：

序号	描述	定值	单位
1	电流定值	10	A
2	开关分位指示延时	200	ms

4.2.5.4 保护跳闸矩阵逻辑试验

跳闸矩阵检验技术要求为：跳闸矩阵中某一保护的对应功能投入后，该保护动作后，三取二装置应正确出口；跳闸矩阵中某一保护的对应功能退出后，该保护动作后，三取二装置不应出口。表 4-3 所示为直流保护部分保护项目的跳闸矩阵，直流保护跳闸矩阵为双 CPU 配置（保护板 + 启动板），某保护只有在双 CPU 中的矩阵均投入的情况下，保护动作才能出口。

表 4-3 直流保护部分保护项目的跳闸矩阵

序号	保护名称	信号名称	PAM1									
			1	2	3	4	5	6	7	8	9	10
			换流器闭锁	旁通晶闸管	暂时性闭锁	分换流变开关	分换流变开关并启动失灵	锁定换流变开关	极隔离命令	请求系统切换	长期动作报警	触发录波
1	交流频率异常保护	切换段								●		●
2	交流过电压保护	网侧动作	●				●	●			●	●
		网侧切换								●		
3	交流低电压保护	动作	●				●	●			●	●
4	阀差动保护	动作	●	●			●	●			●	●

由于保护出口采用的是"三取二"逻辑，因此试验时应当保证未被试验的 1 套或者 2 套 PPR 均处于测试状态。

下面以直流保护 A 套低电压保护为例，介绍保护跳闸矩阵的试验方法。

（1）将直流保护 B、C 套置于试验状态，在直流保护 A 套上模拟交流低电压保护动作，此时检查三取二装置是否正确出口跳闸。

（2）退出三取二装置启动板跳闸矩阵中交流低电压保护的"分换流变开关并启动失灵"功能。模拟交流低电压保护动作，此时检查三取二装置是否不出口跳闸。

（3）投入三取二装置启动板跳闸矩阵中交流低电压保护的"分换流变开关并启动失灵"功能，退出保护板跳闸矩阵中交流低电压保护的"分换流变开关并启动失灵"功能。模拟交流低电压保护动作，此时检查三取二装置是否不出口跳闸。

（4）退出三取二装置启动板跳闸矩阵中交流低电压保护的"分换流变开关并启动失灵"功能。模拟交流低电压保护动作，此时检查三取二装置是否不出口跳闸。

4.2.5.5　"三取二"保护逻辑试验

开展"三取二"保护逻辑试验是为了全面校验不同运行工况下保护出口的正确性，试验项目包括：

（1）一取一逻辑：验证当三套保护系统中有两套保护因故退出运行后，采取一取一保护逻辑的正确性。

（2）二取一逻辑：验证当三套保护系统中有一套保护因故退出运行后，采取二取一保护逻辑的正确性。

（3）三取二逻辑：验证三套保护正常运行时，只有当两套及以上保护发生相同类型故障时，采取三取二保护逻辑的正确性。

（4）不同保护系统动作的三取二逻辑：验证三套保护系统正常运行时，有两套保护系统动作且故障非同类型时，采取三取二保护逻辑的正确性。

具体的试验内容如表 4-4 至表 4-7 所示。

表 4-4　一取一逻辑检查

序号	试验项目	直流保护 A 套	直流保护 B 套	直流保护 C 套	三取二装置 A 套	三取二装置 B 套	极控制 A 套	极控制 B 套
1	一取一逻辑检查	断电	断电	保护动作	跳闸	跳闸	跳闸	跳闸
2		断电	保护动作	断电	跳闸	跳闸	跳闸	跳闸
3		保护动作	断电	断电	跳闸	跳闸	跳闸	跳闸
4		检修	检修	保护动作	跳闸	跳闸	跳闸	跳闸

续表

序号	试验项目	直流保护 A套	直流保护 B套	直流保护 C套	三取二装置 A套	三取二装置 B套	极控制 A套	极控制 B套
5	一取一 逻辑检查	检修	保护动作	检修	跳闸	跳闸	跳闸	跳闸
6		保护动作	检修	检修	跳闸	跳闸	跳闸	跳闸
7		光纤断链	光纤断链	保护动作	跳闸	跳闸	跳闸	跳闸
8		光纤断链	保护动作	光纤断链	跳闸	跳闸	跳闸	跳闸
9		保护动作	光纤断链	光纤断链	跳闸	跳闸	跳闸	跳闸

表 4-5 二取一逻辑检查

序号	试验项目	直流保护 A套	直流保护 B套	直流保护 C套	三取二装置 A套	三取二装置 B套	极控制 A套	极控制 B套
1	二取一 逻辑检查	断电	保护不动作	保护动作	跳闸	跳闸	跳闸	跳闸
2		断电	保护动作	保护不动作	跳闸	跳闸	跳闸	跳闸
3		保护不动作	断电	保护动作	跳闸	跳闸	跳闸	跳闸
4		保护动作	断电	保护不动作	跳闸	跳闸	跳闸	跳闸
5		保护不动作	保护动作	断电	跳闸	跳闸	跳闸	跳闸
6		保护动作	保护不动作	断电	跳闸	跳闸	跳闸	跳闸
7		检修	保护不动作	保护动作	跳闸	跳闸	跳闸	跳闸
8		检修	保护动作	保护不动作	跳闸	跳闸	跳闸	跳闸
9		保护不动作	检修	保护动作	跳闸	跳闸	跳闸	跳闸
10		保护动作	检修	保护不动作	跳闸	跳闸	跳闸	跳闸
11		保护不动作	保护动作	检修	跳闸	跳闸	跳闸	跳闸
12		保护动作	保护不动作	检修	跳闸	跳闸	跳闸	跳闸
13		光纤断链	保护不动作	保护动作	跳闸	跳闸	跳闸	跳闸
14		光纤断链	保护动作	保护不动作	跳闸	跳闸	跳闸	跳闸
15		保护不动作	光纤断链	保护动作	跳闸	跳闸	跳闸	跳闸
16		保护动作	光纤断链	保护不动作	跳闸	跳闸	跳闸	跳闸
17		保护不动作	保护动作	光纤断链	跳闸	跳闸	跳闸	跳闸
18		保护动作	保护不动作	光纤断链	跳闸	跳闸	跳闸	跳闸

表 4-6 三取二逻辑检查

序号	试验项目	直流保护 A套	直流保护 B套	直流保护 C套	三取二 装置A套	三取二 装置B套	极控制 A套	极控制 B套
1	三取二 逻辑检查	换流器差动保护动作	换流器差动保护动作	保护不动作	跳闸	跳闸	跳闸	跳闸
2		换流器差动保护动作	保护不动作	换流器差动保护动作	跳闸	跳闸	跳闸	跳闸

续表

序号	试验项目	直流保护 A套	直流保护 B套	直流保护 C套	三取二 装置A套	三取二 装置B套	极控制 A套	极控制 B套
3	三取二 逻辑检查	保护不动作	换流器差动保护动作	换流器差动保护动作	跳闸	跳闸	跳闸	跳闸
4		保护不动作	保护不动作	换流器差动保护动作	不跳闸	不跳闸	不跳闸	不跳闸
5		保护不动作	换流器差动保护动作	保护不动作	不跳闸	不跳闸	不跳闸	不跳闸
6		换流器差动保护动作	保护不动作	保护不动作	不跳闸	不跳闸	不跳闸	不跳闸

表 4-7　不同保护动作的三取二逻辑检查

序号	试验项目	直流保护 A套	直流保护 B套	直流保护 C套	三取二 装置A套	三取二 装置B套	极控制 A套	极控制 B套
1	不同保护 动作的三 取二逻辑 检查	换流器差动保护动作	中性母线差动保护Ⅰ段	保护不动作	不跳闸	不跳闸	不跳闸	不跳闸
2		换流器差动保护动作	保护不动作	中性母线差动保护Ⅰ段	不跳闸	不跳闸	不跳闸	不跳闸
3		保护不动作	换流器差动保护动作	中性母线差动保护Ⅰ段	不跳闸	不跳闸	不跳闸	不跳闸
4		换流器差动保护动作	换流器差动保护动作	中性母线差动保护Ⅰ段	跳闸	跳闸	跳闸	跳闸
5		换流器差动保护动作	中性母线差动保护Ⅰ段	换流器差动保护动作	跳闸	跳闸	跳闸	跳闸
6		中性母线差动保护Ⅰ段	换流器差动保护动作	换流器差动保护动作	跳闸	跳闸	跳闸	跳闸

4.3　传动试验

保护装置的传动试验主要是为了验证保护传动开关的正确性和断路器跳、合闸回路的可靠性。由于每套三取二装置跳闸至对站交流开关的两个跳闸线圈，且按照电量和非电量区分，所以共计有 4 个回路，包括换流变保护至三取二装置的光纤、直流控制系统和 ACC 系统跳闸并联至三取二装置的电缆等回路，若是每套保护每个回路都开展带开关跳闸传动试验则对交流开关的使用寿命将产生较大影响。因此，需要对传动试验进行优化，应按照如下三点原则开展：

（1）两套三取二装置至对站交流站开关共计 8 个跳闸回路应实际带开关传动；

（2）各套保护至三取二装置的传动，应进行优化组合，保证保护相关回路的可靠性均能校验；

（3）极控制系统及 ACC 相关跳闸回路可在三取二装置处通过万用表进行测试。

具体传动试验项目可参考表 4-8 开展。

表 4-8　传动试验项目

序号	用于传动的保护	需投入的压板	控制电源状态	验证的回路	检查结果
1	PPRA 电量保护动作	三取二装置 A： 电量第 1 组跳闸压板	第一组合上 第二组断开	三取二装置 A： 电量跳闸 1 至对站的跳闸回路	
2	PPRB 电量保护动作	三取二装置 B： 电量第 1 组跳闸压板	第一组合上 第二组断开	三取二装置 B： 电量跳闸 1 至对站的跳闸回路	

续表

序号	用于传动的保护	需投入的压板	控制电源状态	验证的回路	检查结果
3	CTPA 电量保护动作	三取二装置 A：电量第 2 组跳闸压板	第二组合上第一组断开	三取二装置 A：电量跳闸 2 至对站的跳闸回路	
4	CTPB 电量保护动作	三取二装置 B：电量第 2 组跳闸压板	第二组合上第一组断开	三取二装置 B：电量跳闸 2 至对站的跳闸回路	
5	PPRA 非电量保护动作	三取二装置 A：非电量第 1 组跳闸压板	第一组合上第二组断开	三取二装置 A：非电量跳闸 1 至对站的跳闸回路	
6	PPRC 非电量保护动作	三取二装置 B：非电量第 1 组跳闸压板	第一组合上第二组断开	三取二装置 B：非电量跳闸 1 至对站的跳闸回路	
7	NEPA 非电量保护动作	三取二装置 A：非电量第 2 组跳闸压板	第二组合上第一组断开	三取二装置 A：非电量跳闸 2 至对站的跳闸回路	
8	NEPB 非电量保护动作	三取二装置 B：非电量第 2 组跳闸压板	第二组合上第一组断开	三取二装置 B：非电量跳闸 2 至对站的跳闸回路	
9	PPRB 电量保护动作	PCPA：电量第 1 组跳闸压板	第一组合上第二组断开	PCPA：电量跳闸 1 至三取二装置 A 的回路	
10	PPRC 电量保护动作	PCPB：电量第 1 组跳闸压板	第一组合上第二组断开	PCPB：电量跳闸 1 至三取二装置 B 的回路	
11	CTPB 电量保护动作	PCPA：电量第 2 组跳闸压板	第二组合上第一组断开	PCPA：电量跳闸 2 至三取二装置 A 的回路	
12	CTPC 电量保护动作	PCPB：电量第 2 组跳闸压板	第二组合上第一组断开	PCPB：电量跳闸 2 至三取二装置 B 的回路	
13	PPRB 非电量保护动作	PCPA：非电量第 1 组跳闸压板	第一组合上第二组断开	PCPA：非电量跳闸 1 至三取二装置 A 的回路	
14	PPRC 非电量保护动作	PCPB：非电量第 1 组跳闸压板	第一组合上第二组断开	PCPB：非电量跳闸 1 至三取二装置 B 的回路	
15	NEPB 非电量保护动作	PCPA：非电量第 2 组跳闸压板	第二组合上第一组断开	PCPA：非电量跳闸 2 至三取二装置 A 的回路	
16	NEPC 非电量保护动作	PCPB：非电量第 2 组跳闸压板	第二组合上第一组断开	PCPB：非电量跳闸 2 至三取二装置 B 的回路	
17	ACCA 保护动作	A 套出口压板	第一组合上第二组断开	ACCA 至 PCPA 的跳闸回路	
18	ACCB 保护动作	B 套出口压板	第二组合上第一组断开	ACCB 至 PCPB 的跳闸回路	

4.4 二次安全措施

4.4.1 示例

　　厦门柔直真双极拓扑结构的优点在于当一极系统停运后，另外一极系统仍可输送至少 50% 的功率，为了提高柔直系统供电可靠性及年运行效率，年度检修按照单极轮停方式开展，其二次安全措施相比于全站停电检修要复杂得多，需要充分考虑检修极与运行极之间的安全隔离。下面以柔直站极 II 年检为例说明二次安全措施票的编写，见表 4-9。

表 4-9　柔直站极 Ⅱ 年检二次安全措施票

被试设备及保护名称					
工作负责人		工作时间	年　月　日	签发人	

工作内容：

安全措施：

序号	风行	安全措施内容	恢复
1		电话联系中调（微波号：***）、网调（微波号 ***）、故障信息（微波号：***），将浦园换流站极 Ⅱ 二次设备置检修状态。	
2		确认监控后台极 Ⅱ 顺控界面"接地""断电""停运"图标为红色。	
3		确认极 Ⅰ 采用定单极功率控制方式且为单极金属回线运行方式。	
4		确认极 Ⅱ 00202（WN.QS7）在分位。	
5		记录 (011) 极 Ⅱ 交流场测控柜 A 试验前投入的压板、空开位置： 解除所有出口压板，并用红色绝缘胶布封闭。	
6		记录 (012) 极 Ⅱ 交流场测控柜 B 试验前投入的压板、空开位置： 解除所有出口压板，并用红色绝缘胶布封闭。	
7		记录 (008)#2 换流变压器保护柜 A 试验前投入的压板、空开位置： 解除所有出口压板，并用红色绝缘胶布封闭。	
8		记录 (009)#2 换流变压器保护柜 B 试验前投入的压板、空开位置： 解除所有出口压板，并用红色绝缘胶布封闭。	
9		记录 (009)#2 换流变压器保护柜 C 试验前投入的压板、空开位置： 解除所有出口压板，并用红色绝缘胶布封闭。	
10		记录 (017) 极 Ⅱ 控制柜 A 试验前投入的压板、空开位置： 解除所有出口压板，并用红色绝缘胶布封闭。	
11		记录 (018) 极 Ⅱ 控制柜 B 试验前投入的压板、空开位置： 解除所有出口压板，并用红色绝缘胶布封闭。	
12		记录 (019) 极 Ⅱ 保护柜 A 试验前投入的压板、空开位置： 解除所有出口压板，并用红色绝缘胶布封闭	
13		记录 (019) 极 Ⅱ 保护柜 B 试验前投入的压板、空开位置： 解除所有出口压板，并用红色绝缘胶布封闭。	
14		记录 (019) 极 Ⅱ 保护柜 C 试验前投入的压板、空开位置： 解除所有出口压板，并用红色绝缘胶布封闭。	
15		在 (011) 极 Ⅱ 交流场测控柜 A 解除至 220kV 彭盾变的 272 断路器允许就地合闸回路 X102：5（103）、X102：8（103A），电缆编号为 7EJ-153，并用红色绝缘胶布包好。	
16		在 (011) 极 Ⅱ 交流场测控柜 A 解除至 220kV 彭盾变的 272 断路器允许就地分闸回路 X102：9（133）、X102：11（133A），电缆编号为 7EJ-153，并用红色绝缘胶布包好。	
17		在 (012) 极 Ⅱ 交流场测控柜 B 解除至 220kV 彭盾变的 272 断路器允许就地合闸回路 X102：5（103）、X102：8（103A），电缆编号为 7EJ-253，并用红色绝缘胶布包好。	
18		在 (012) 极 Ⅱ 交流场测控柜 B 解除至 220kV 彭盾变的 272 断路器允许就地分闸回路 X102：9（133）、X102：11（133A），电缆编号为 7EJ-253，并用红色绝缘胶布包好。	
19		在 (017) 极 Ⅱ 控制柜 A 内逐根解除至 220kV 彭盾变的母线保护 1 启动失灵及解复压回路 X110:4（051A）、X110:7（053A），电缆编号为 7EJM-136A，并用红色绝缘胶布可靠包扎。	

续表

序号	风行	安全措施内容	恢复
20		在 (017) 极 II 控制柜 A 内逐根解除至 220kV 彭厝变的母线保护 2 启动失灵及解复压回路 X110:5（051B）、X110:8（053B），电缆编号为 7EJM-236A，并用红色绝缘胶布可靠包扎。	
21		在 (018) 极 II 控制柜 B 内逐根解除至 220kV 彭厝变的母线保护 1 启动失灵及解复压回路 X110:4（051A）、X110:7（053A），电缆编号为 7EJM-136B，并用红色绝缘胶布可靠包扎。	
22		在 (018) 极 II 控制柜 B 内逐根解除至 220kV 彭厝变的母线保护 2 启动失灵及解复压回路 X110:5（051B）、X110:8（053B），电缆编号为 7EJM-236B，并用红色绝缘胶布可靠包扎。	
23		在 (017) 极 II 控制柜 A 内拔出 H4 装置 PCS-9518 至站控及通讯设备室 (022) 谐波监视柜的站间通讯光纤回路 H4：RX1、H4：TX1，光缆编号为 PCP2A-13，并用防尘帽盖好光口及光纤。	
24		在 (018) 极 II 控制柜 B 内拔出 H4 装置 PCS-9518 至站控及通讯设备室 (022) 谐波监视柜的站间通讯光纤回路 H4：RX1、H4：TX1，光缆编号为 PCP2B-11，并用防尘帽盖好光口及光纤。	
25		在监控后台退出"极 II 事故总信号"压板，并确认"极 I 事故总信号"压板在投入状态。	
26		确认监控后台极 II 站间通讯状态两指示灯为红色。	

4.4.2 安全措施恢复

（1）按照二次安全措施票的后执行先恢复原则逐条进行安措恢复；

（2）CT、PT 恢复前须进行直阻测试，确保回路的连通性，且须对一点接地进行测试确认；

（3）对每个屏柜装置、压板、端子排进行仔细核查，确保恢复至原始状态，仔细查看后台故障列表是否存在相关告警信息未复归。

4.5 试验注意事项

在单极轮停试验中，为避免发生人身电网设备安全事故，有几点安全注意事项需要提醒。

4.5.1 防止误入带电间隔

单极中性线区域及双极公共区域为带电区域，以极 II 为例，极 II 中性线区域为 0020（NBS）及两侧刀闸 00202、00201，地刀 002027、002017、000207，均不在本次作业范围内。应使用围栏做好安全隔离措施，并悬挂"止步，高压危险"标识牌，以防误入带电间隔。

4.5.2 防止后台误修改运行极 PPR 定值

两极 PPR 保护定值均在后台，如图 4-24 所示，修改定值时须经监护人确认检修间隔，以防误整定导致运行极保护误动。

4.5.3 在站网控制界面防止对运行极控制保护系统状态误操作

工作中存在将运行极的 ACC、PCP、PPR 切换至测试状态的误操作，应加强监护，传动试验必要时可在就地操作。

图 4-24　后台保护定值

4.5.4　避免误分合

为避免试验过程中误分合直流转换开关 NBS、NBGS、GRTS 以及中性线隔刀 QS6、QS7，建议在 DFT A 柜、DFT B 柜划开分合闸相应端子排，并用红色绝缘胶布封闭，后台及对应的图纸如图 4-25 所示。

4.5.5　绝缘测试

测试前断开电压电流回路 CT 一点接地线。

直流二次回路绝缘测试前应确保该回路无电压，建议先划开端子排连片，不带装置进行绝缘测试。

交流电回路、小信号回路、24V 信号回路不开展绝缘测试。

确认相应回路无人工作。绝缘测试后应对回路进行放电。

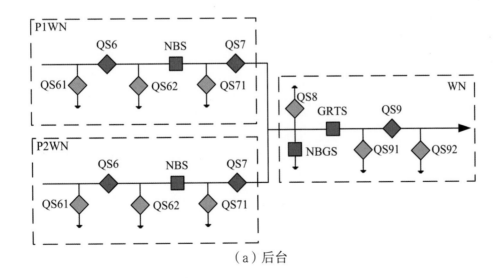

（a）后台

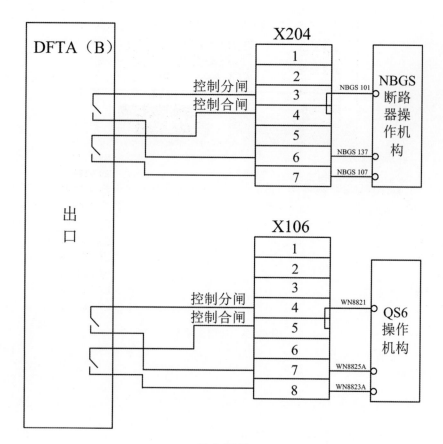

（b）图纸

图 4-25　在 DFT 柜划开分合闸相应端子排的后台及图纸

第5章　避雷器

5.1.1　作用

避雷器的作用是用来保护电力系统中各种电器设备免受雷电过电压、操作过电压、工频暂态过电压冲击而损坏的一个电器。

避雷器能释放雷电或兼能释放电力系统操作过电压能量，保护电工设备免受瞬时过电压危害，又能截断续流，不致引起系统接地短路。避雷器通常接于带电导线与地之间，与被保护设备并联。当过电压值达到规定的动作电压时，避雷器立即动作，流过电荷，限制过电压幅值，保护设备绝缘；电压值正常后，避雷器又迅速恢复原状，以保证系统正常供电。

5.1.2　分类

避雷器有间隙式和阀片式两大类。间隙式主要用于限制大气过电压，一般用于配电系统、线路和变电所进线段保护。阀片式避雷器用于变电所和发电厂的保护，在 500kV 及以下系统主要用于限制大气过电压，在超高压系统中还将用来限制内过电压，或用作内过电压的后备保护。

间隙式的外观为管式。管式避雷器的内间隙（又称灭弧间隙）置于产气材料制成的灭弧管内，外间隙将管子与电网隔开。雷电过电压使内外间隙放电，内间隙电弧高温使产气材料产生气体，管内气压迅速增加，高压气体从喷口喷出灭弧。管式避雷器具有较大的冲击通流能力，可用在雷电流幅值很大的地方。但管式避雷器放电电压较高且分散性大，动作时产生截波，保护性能较差。主要用于变电所、发电厂的进线保护和线路绝缘弱点的保护。

阀式避雷器根据材料分为碳化硅阀式避雷器和金属氧化物避雷器（又称氧化锌避雷器）。碳化硅避雷器的基本工作元件是叠装于密封瓷套内的火花间隙和碳化硅阀片（电压等级高的避雷器产品具有多节瓷套）。火花间隙的主要作用是平时将阀片与带电导体隔离，在过电压时放电和切断电源供给的续流。碳化硅避雷器的火花间隙由许多间隙串联组成，放电分散性小，伏秒特性平坦，灭弧性能好。碳化硅阀片是以电工碳化硅为主体，与结合剂混合后，经压形、烧结而成的非线性电阻体，呈圆饼状。碳化硅阀片的主要作用是吸收过电压能量，利用其电阻的非线性（高电压大电流下电阻值大幅度下降）限制放电电流通过自身的压降（称残压）和限制续流幅值，与火花间隙协同作用熄灭续流电弧。碳化硅避雷器按结构不同，又分为普通阀式和磁吹阀式两类。后者利用磁场驱动电弧来提高灭弧性能，从而具有更好的保护性能。碳化硅避雷器保护性能好，广泛用于交、直流系统，保护发电、变电设备的绝缘。

金属氧化物避雷器的基本工作元件是密封在瓷套内的氧化锌阀片。氧化锌阀片是以 ZnO 为基体，添加少量的 Bi_2O_3、MnO_2、Sb_2O_3、Co_3O_3、Cr_2O_3 等制成的非线性电阻体，具有比碳化硅好得多的非线性伏安特性，在持续工作电压下仅流过微安级的泄漏电流，动作后无续流。因此金属氧化锌避雷器不需要火花间隙，从而使结构简化，并具有动作响应快、耐多重雷电过电压或操作过电压、能量吸收能力大、耐污秽性能好等优点。由于金属氧化锌避雷器保护性能优于碳化硅避雷器，已在逐步取代碳化硅避雷器，广泛应用于交、直流系统，保护发电、变电设备的绝缘，尤其适合于中性点有效接地（见电力系统中性点接地方式）的 110kV 及以上电网。

5.1.3 结构

避雷器由主体元件、绝缘底座、接线盖板和均压环（220kV 以上等级具有）等组成。避雷器内部采用氧化锌电阻片为主要元件。当系统出现大气过电压或操作过电压时，氧化锌电阻片呈现低阻值，使避雷器的残压被限制在允许值以下，从而对电力设备提供可靠的保护；而避雷器在系统正常运行电压下，电阻片呈高阻值，使避雷器只流过很小的电流。

避雷器采用微正压结构，内部充有高纯度干燥氮气或 SF_6 气体。避雷器带有压力释放装置，当避雷器在异常情况下动作而使内部气压升高时，能及时释放内部压力，避免瓷套炸裂。220kV 等级以上避雷器为改善电位分布，外部带有均压环。

5.2 应用设计

5.2.1 原则

5.2.1.1 选用避雷器必须满足的要求

避雷器的 VS 特性、VA 特性要分别与被保护设备的 VS 特性和 VA 特性正确配合，避雷器的灭弧电压要与安装地点的最高工频相电压正确配合。这样，即使系统发生一相接地故障，避雷器也能可靠地熄灭工频续流电弧，避免避雷器发生爆炸。

5.2.1.2 选择管式避雷器注意事项

管式避雷器不能用作有绕组的电气设备的过电压保护，而只用于线路、发电厂和变电站进线的保护。

管式避雷器遮断电流的上限应不小于安装处短路电流的最大值，下限不大于安装处短路电流的最小值。

5.2.1.3 氧化锌避雷器分类

氧化锌避雷器主要可以分普通型和磁吹型两大类，选择时应注意避雷器的保护比 K_b 数值大小要按照额定电压的大小来选择。要注意校验避雷器的额定电压、工频放电电压、冲击放电电压及残压，要注意与被保护电气设备的距离。

5.2.1.4 选择氧化锌避雷器注意事项

选择氧化锌避雷器时，要计算或实测避雷器安装处长期的最大工作电压。应使避雷器的额定电压大于或等于避雷器安装点的暂态工频过电压幅值。注意残压与被保护设备绝缘水平的配合。

5.2.2 附件

每只应配备避雷器底座、接地引线绝缘子，对 110kV 以上避雷器应配备均压罩，35kV 及以上电压等级的每只避雷器应配备监测器。

5.2.2.1 避雷器在线监测器

避雷器监测器（以下简称监测器）是串联在避雷器低压端，用来监测避雷器泄漏电流的变化、动作次数及污秽电流的一种设备。适用于电力系统各种电压等级氧化锌避雷器、碳化硅避雷器的运行监测。按其使用对象可分为瓷壳或复合外套避雷器和 GIS 罐式避雷器用两种。按其配套避雷器的系统标称电压可分为 35kV、110kV、220kV、330kV、500kV、750kV、1000kV 等。

5.2.2.2 均压罩

避雷器上部的均压罩或均压环用来改善电场分布，防止避雷器的上下节电压分布严重不均匀。220kV 以上等级具有，110KV 及以下等级一般不分节且电场强度比较弱，所以不装均压环。

5.3 试验

5.3.1 型式试验（设计试验）

5.3.1.1 绝缘电阻试验

由制造厂提供避雷器绝缘电阻的试验数值及测量用兆欧表的电压等级。

5.3.1.2 最大工作电压持续电流试验

应测量避雷器每节与整体在合同规定的最大持续运行电压、系统持续运行电压下的阻性电流峰值与全电流值。前者用于检验避雷器是否符合合同规定值，后者为现场试验提供对比参数。

5.3.1.3 工频（直流）参考电压试验

工频（直流）参考电压应在避雷器比例单元和每节上测量，在工频参考电压下阻性电流峰值为 1~5mA，在直流参考电压下电流为 1mA，该电流应在环境温度为（20±15）℃下进行测量。

5.3.1.4 残压试验

残压试验在 3 只完整的避雷器或避雷器比例单元上进行。避雷器的额定电压高于 3kV 时，试品的额定电压至少应为 3kV，但不应超过 12kV。放电的间隔时间应能使试品冷却到接近环境温度。

当在避雷器比例单元上进行试验时，整个避雷器的残压等于比例单元所测得的残压值乘上其额定电压与比例单元的额定电压之比值。

残压试验共需要进行以下 3 种。

5.3.1.4.1 雷电冲击电流残压试验

对每只试品避雷器施加 3 次雷电冲击电流［(8±1)/(20±2)μs］，其峰值分别近似为 0.5、1.0 和 2.0 倍的避雷器标称放电电流峰值，将所得的 9 个试验点的最大包络线绘成残压一电流曲线，从曲线上读出对应于标称放电电流值的残压值。

5.3.1.4.2 陡波冲击电流残压试验

对每只试品避雷器施加峰值为其标称放电电流值的陡波冲击电流［(1±0.1)/5μs］1 次（峰值误差为 ±5%)，取 3 个电压峰值中的最大值为陡波冲击电流残压值。

5.3.1.4.3 操作冲击电流残压试验

对每只试品避雷器施加 1 次操作冲击电流［(30±3)/(30±3)μs］，其峰值按表 5-1 确定。避雷器在相应电流下的操作冲击残压取 3 个电压峰值中的最大值。

制造厂应提供表 5-1 中操作冲击电流的 0.25 倍下的残压值，供用户校核使用。

表 5-1 操作冲击电流值

标称放电电流 kA	20	10	10
操作冲击电流 A	2000	1000	500

5.3.1.5 长持续时间冲击电流耐受试验

长持续时间冲击电流耐受试验应在 3 只未进行任何试验的新的整只避雷器、避雷器比例单元或电阻片上进行。电阻片可暴露在静止的（20±15）℃空气中。如果避雷器的额定电压不低于 3kV，则试品避雷器的额定电压至少应为 3kV，但无须超过 3kV。如果避雷器的脱离器与避雷器设计成一体，这些试验应按运行条件带脱离器进行。所有这些试验必须在分布参数冲击发生器上进行。

每个试品避雷器的长持续时间冲击电流耐受试验共须进行 18 次放电,其中每 3 次为 1 组,共分 3 组。每两次动作之间的时间间隔应为 50s~30s,每组之间的时间间隔应能使试品避雷器冷却到接近环境温度。

在试验过程中,均应录取第 1 次和第 18 次放电时试品避雷器的电压和电流示波图。

在进行长持续时间冲击电流耐受试验后,当试品避雷器冷却到接近环境温度时,为了便于与试验前的测量值进行比较,应对试品避雷器重新进行残压试验。残压值的变化不应超过 5%。

试验完成后,应对试品避雷器进行检查,金属氧化物电阻片应无击穿、闪络、开裂或其他损坏痕迹。

对不同长线释放等级的试验,避雷器吸收的比能量 W' （二次长线释放能量之和）与避雷器操作冲击残压 U_{res} 和避雷器额定电压 U_r 之比值存在一定的关系,见图 5-1。

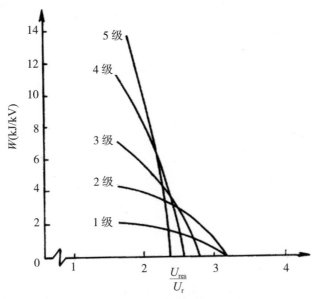

图 5-1 长线释放等级及比能量

对标称放电电流为 20kA 和 10kA 的避雷器,其长线释放试验参数见表 5-2。

表 5-2 10、20kA 避雷器长持续时间冲击电流耐受试验参数

标称电流 /kA	长线释放等级	线路冲击阻抗 Z/Ω	峰值持续时间 $T/\mu s$	充电电压 U/kV
10	1	$4.9U_r$	2000	$3.2U_r$
10	2	$2.4U_r$	2000	$3.2U_r$
10	3	$1.3U_r$	2400	$2.8U_r$
20	4	$0.8U_r$	2800	$2.6U_r$
20	5	$0.5U_r$	3200	$2.4U_r$

注:U_r 是试品额定电压,kV 为有效值。

对于 5、2.5、1.5kA 避雷器长持续时间冲击电流耐受试验,其电流峰值的视在持续时间为 2000μs,其电流值见表 5-3。

表 5–3　5、2.5、1.5kA 避雷器长持续时间冲击电流值

标称电流 /kA	避雷器保护对象	电流峰值 /A	持续峰值时间 /μs
5	配电网	75	2000
5	配电网	75	2000
5	配电网	75	2000
5	配电网	75	2000

注：根据电容器容量和保护接线方式确定方波电流值。

5.3.1.6　动作负载试验

对避雷器施加规定次数、规定大小的冲击电流，并同时施加规定的工频电压，以模拟实际运行条件，在施加工频电压过程中，工频电压的变化不得大于 1%。

动作负载试验在 3 只完整的避雷器或避雷器比例单元上进行。试验时试品避雷器周围的静止空气温度为（20±15）℃，试验前试品避雷器在烘箱中预热，使试验开始时试品避雷器温度为 (30±3)℃。

如果整只避雷器的额定电压不小于 3kV，则试品避雷器的额定电压至少应为 3kV，但无须超过 12kV。也可在避雷器比例单元上进行。

避雷器能否通过动作负载试验的重要参数是电阻片的功率损耗。因此动作负载试验应该在没有老化的电阻片上，在提高的试验电压 U_c^* 和 U_r^* 下进行。电阻片在该电压下与老化过的电阻片在正常 U_c 和 U_r 电压值下，具有相同的功率损耗。提高的试验电压值应由加速老化试验确定。

加速老化试验在加热到（115±4）℃的 3 只试品避雷器上进行，施加电压 U_{ct}。U_{ct} 值与被试避雷器的总高 L（m）有关，可由下式确定

$$U_{ct}=U_c(1+0.5L)$$

也可按试验或计算所得避雷器电阻片上的电压分布不均匀系数确定，在施加电压 U_{ct} 后 1~2h 内测量 U_{ct} 下电阻片的功率损耗 P_{1ct}，并在相同的条件下测量老化 1000(0+100)h 后电阻片的功率损耗 P_{2ct}，在这个过程中试品加压不得间断，令 $K_{ct}=P_{2ct}/P_{1ct}$；选取 3 个功率损耗比值中的最大值。$K_{ct} > 1$ 时，为补偿由于老化而引起的功率损耗的增长，在进行动作负载试验时将 U_c 和 U_r 提高到 U_c^* 和 U_r^*；$K_{ct} \leqslant 1$ 时，U_c 和 U_r 就不进行修正。U_c^* 和 U_r^* 值由它们在以下试验中出现的最大值确定，试验是：在环境温度下，对 3 个新的电阻片分别测量在电压 U_c 和 U_r 下的功率损耗 P_{1c} 和 P_{1r}，然后将电压增长到 U_c^* 和 U_r^*，使在该电压下的功率损耗 P_{2c} 和 P_{2r} 符合下列关系：

$$P_{2c}/P_{1c}=K_{ct}, \ P_{2r}/P_{1r}=K_{ct}$$

5.3.1.7　工频电压耐受时间特性试验

工频电压耐受时间特性曲线覆盖 0.1s~20min 的范围，对中性点非直接接地系统，时间应扩

展至 24h。

用比例单元作为试品，对试品避雷器施加不同的工频电压和持续时间，施加最高电压不得低于比例单元额定电压的 1.2 倍。试品避雷器预热到 (30 ± 3)℃，在承受了大电流冲击或长持续时间冲击电流后，紧接着施加预定的工频电压和持续时间，然后降至持续运行电压 U_c^* 30min，试品避雷器应无损坏或发生热崩溃。

试验程序见图 5-2 和图 5-3。曲线至少由 3 个试验数据绘出，并在曲线上注明施加工频电压之前试品避雷器吸收的能量。

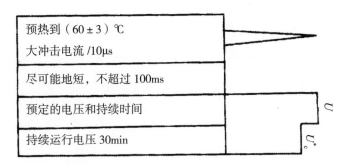

图 5-2　10kA 1 级放电等级和 5、2.5、1.5kA 避雷器的工频电压耐受时间特性试验程序

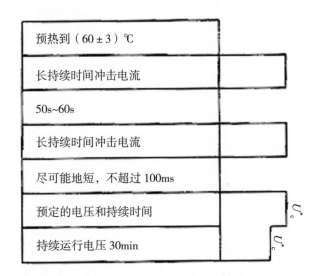

图 5-3　10kA 2、3 级放电等级和 20kA 4、5 级放电等级避雷器的工频电压耐受时间特性试验程序

5.3.1.8　压力释放试验

瓷套密封、带有压力释放装置并在大气中使用的避雷器应进行该项试验，当避雷器故障时不应引起瓷套粉碎性爆炸。

每次试验应在新瓷套组装的试品避雷器上进行，一只试品避雷器在大电流下试验，另一只试品避雷器在小电流下试验。

为在试品避雷器内部引起短路电流，全部非线性电阻片可用熔丝旁路。熔丝应在试验电流导通后第一个 30° 电角度内熔断，旁路非线性电阻片的熔丝沿着电阻片的轮廓紧贴其外表面装配。避雷器底座应与一个近似圆形围栏的顶部在同一水平面上，围栏至少高 30cm，试品避雷器围在中心，围栏直径等于试品避雷器直径加上 2 倍试品避雷器高度，最小直径应为 1.8m，试验后避雷器所有部分都包在围栏内部，即通过试验。

压力释放试验应在不同设计的每一种避雷器最长的一节上进行，并认为该试验结果适用于同一设计所有额定电压的避雷器。

5.3.1.9   密封试验

在每节避雷器上都要进行密封试验。由于国际上没有统一的试验方法，各制造厂都有自己的试验方法，因此，该项试验方法由供需双方协商确定。

5.3.1.10   内、外缘绝工频耐压试验

该试验应分别在干燥和淋雨状态下进行，试品避雷器应是洁净的整只避雷器，并尽可能按实际情况安装，并无电阻片，内部绝缘构件保留原安装方式。

5.3.1.11   局部放电量试验

避雷器施加额定电压 10s，然后降至 1.05 倍持续运行电压保持 1min，测量局部放电量，不得大于 10pC。

5.3.1.12   电压分布试验

电压分布是指整只避雷器在持续运行电压下电阻片上的电压分布，应提供不同安装高度和周围设备距离情况下的电压分布曲线。

电压分布曲线可用计算方法获得，也可通过试验获得，试验方法可由供需双方协商确定。

5.3.1.13   污秽试验

目前尚无成熟的污秽试验方法，可由供需双方协商确定。

5.3.1.14   机械强度试验

对整只避雷器端部施加水平力和垂直力，大小见表 5-4，并计入避雷器本体所受最大风荷载，避雷器所承受的应力的安全系数不小于 2.5。

表 5-4   避雷器端部受力值

避雷器额定电压 /kV	3~90	96~252	264~468	避雷器额定电压 /kV	3~90	96~252	264~468
水平力 /N	500	1000	1500	垂直力 /N	150	300	500

5.3.1.15   抗震试验

该试验频率为试品避雷器共振频率，波形为正弦波，时间为 3 个周波。试品避雷器不带基础进行试验时，抗震试验数据应乘以 1.2 倍的放大系数，并放入 25% 最大风荷载，安全系数不小于 1.37，且

按统计法以瓷件抗震强度 3 倍标偏值计算。

试验后，基础、瓷件、电阻片及其他部件不应损坏或开裂，一切连接仍应牢固。

5.3.1.16 脱离器试验

脱离器应进行如下试验。

5.3.1.16.1 冲击电流和动作负载耐受试验

该试验应具备 3 只试品脱离器，与避雷器一起进行试验。长持续时间冲击电流试验按表 5-3 列出的冲击电流值进行，动作负载试验按图 5-4 进行。

上述试验中，脱离器不应动作。

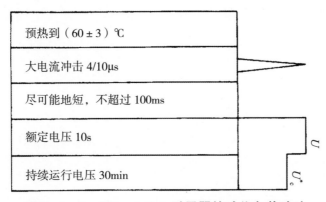

| 预热到（60±3）℃ |
| 大电流冲击 4/10μs |
| 尽可能地短，不超过 100ms |
| 额定电压 10s |
| 持续运行电压 30min |

图 5-4　5、2.5、1.5kA 避雷器的动作负载试验

5.3.1.16.2 时间电流曲线试验

时间电流曲线参数应在 3 个不同的对称起始电流（有效值）下获得，这 3 个电流是：20±10%A、200±10%A、800±10%A，这些电流流经试品脱离器。

试验电压可为任一合适值，只要该值足以维持避雷器元件的电弧电流，并且满足脱离器动作所造成的间隙能产生电弧并可以维持电弧即可。试验电压应不超过带脱离器的最低额定值的避雷器的额定电压。

脱离器动作前，电流的流通应保持在所要求的水平。3 个电流等级的每一个都至少应有 5 个新的试品脱离器进行试验。

对于所有被试样品，应记录流经试品脱离器的电流有效值和脱离器开始动作的时间，脱离器的时间—电流特性曲线应经过代表最长时间的点绘成光滑曲线。

对于具有相当长的动作时延的脱离器，时间—电流曲线试验应在试品脱离器承受电流的控制期间内进行，以便确定 3 种电流下的每个最小持续时间，该时间可使脱离器成功动作。对于确定的时间—电流曲线的点，脱离器的动作应在 5 次试验中都成功，如果发生 1 次不成功的试验，则在同一电流水平和时间下再进行 5 次附加试验，应全部动作成功。

5.3.2 常规试验

出厂的每只避雷器都要进行常规试验，试验包括以下项目：

（1）最大工作电压持续电流试验；

（2）工频（直流）参考电压试验；

（3）标称放电电流残压试验；

（4）局部放电量试验；

（5）密封试验；

（6）多柱并联避雷器的电流分配试验。

该试验在避雷器所有中部没有电气联结的单元组上进行，在由制造厂确定的放电电流（0.01 倍~1.0 倍标称放电电流）下进行测量，测得的最大柱电流应不超过制造厂规定的上限值。

5.3.3 预防性试验

避雷器预防性试验的项目、周期和要求见表 5-5。

表 5-5 避雷器预防性试验项目、周期和要求

序号	项目	周期	要求							说明
1	绝缘电阻	（1）发电厂、变电所避雷器，每年雷雨季前；（2）线路上避雷器，1~3 年；（3）大修后；（4）必要时。	（1）FZ（PBC.LD）、FCZ 和 FCD 型避雷器的绝缘电阻自行规定，但与前一次或同类型的测量数据进行比较，不应有显著变化；（2）FS 型避雷器绝缘电阻应不低于 2500MΩ。							（1）采用 2500V 及以上兆欧表；（2）FZ、FCZ 和 FCD 型主要检查并联电阻通断和接触情况。
2	电导电流及串联组合元件的非线性因数差值	（1）每年雷雨季前；（2）大修后；（3）必要时。	（1）FZ、FCZ、FCD 型避雷器的电导电流参考值应与历年数据比较，不应有显著变化；（2）同一相内串联组合元件的非线性因数差值，不应大于 0.05；电导电流相差值（%）不应大于 30%；（3）试验电压如下：							（1）整流回路中应加滤波电容器，其电容值一般为 0.01~0.1μF，并应在高压侧测量电流；（2）由两个及以上元件组成的避雷器应对每个元件进行试验；（4）可用带电测量方法进行测量，如对测量结果有疑问时，应根据停电测量的结果作出判断；（5）如 FZ 型避雷器的非线性因数差值大于 0.05，但电导电流合格，允许作换节处理，换节后的非线性因数差值不应大于 0.05；（6）运行中 PBC 型避雷器的电导电流一般应在 300~400μA 范围内。
			元件额定电压 /kV	3	6	10	15	20	30	
			试验电压 U_1/kV	—	—	—	8	10	12	
			试验电压 U_2/kV	4	6	10	16	20	24	
3	工频放电电压	（1）1~3 年；（2）大修后；（3）必要时。	（1）FS 型避雷器的工频放电电压在下列范围内							带有非线性并联电阻的阀型避雷器只在解体大修后进行。
			额定电压 /kV	3		6		10		
			放电电压 /kV 大修后	9~11		16~19		26~31		
			运行中	8~12		15~21		23~33		

续表

序号	项目	周 期	要 求	说 明
4	底座绝缘电阻	（1）变电所避雷器，每年雷雨季前； （2）线路上避雷器，1~3 年； （3）大修后； （4）必要时。	自行规定。	采用 2500V 及以上的兆欧表。
5	检查放电计数器的动作情况	（1）发电厂、变电所内避雷器每年雷雨季前； （2）线路上避雷器 1~3 年； （3）大修后； （4）必要时。	测试 3~5 次，均应正常动作，测试后计数器指示应调到"0"。	
6	检查密封情况	（1）大修后； （2）必要时。	避雷器内腔抽真空至 (300~400)×133Pa 后，在 5min 内其内部气压的增加不应超过 100Pa。	

5.4 维护

5.4.1 常规维护

5.4.1.1 避雷器日常维护项目

（1）连接引线的检查；

（2）基础构架的检查；

（3）避雷器外观检查；

（4）定期读取避雷器动作计数器的读数；

（5）检查避雷器的压力释放装置是否动作，是否有燃烧或表面损伤的痕迹。如果出现这种情况，则必须进行更换；

（6）检查瓷瓶的污秽情况，如果情况严重，则进行清洗；

（7）检查接地线。

5.4.1.2 定期维护项目

（1）连接引线的紧固及清扫；

（2）绝缘瓷套的清扫；

（3）均压环的清扫；

（4）动作计数器的清扫；

（5）接地线的检查；

（6）基础构架的检查；

（7）接地情况的检查；

（8）所有连接螺丝紧固；

（9）确保放电通道无脏物。

5.4.2　特殊性检修项目

避雷器特殊性试验项目包括避雷器更换、避雷器在线监测装置更换、避雷器底座更换，具体要求

参考厂家技术标准和 GB11032 要求。

第6章 直流电流测量装置

6.1 概述

6.1.1 作用

直流电流测量装置在换流站内直流控制保护系统中用于直流电流测量，用在控制、保护、测量、录波等功能中。

6.1.2 分类

目前，换流站直流电流测量装置可分为零磁通直流电流互感器和直流光电流互感器。

零磁通直流电流互感器安装于中性母线处，用于测量中性母线各处直流电流。阀厅里中性母线上的零磁通直流电流互感器安装在中性母线的穿墙套管中，直流场中性母线上的零磁通直流电流互感器是作为独立装置安装在中性母线上。

直流光电流互感器安装于直流场和阀厅，分别用于测量直流线路电流和极母线电流。

6.1.3 结构

6.1.3.1 零磁通直流电流互感器

每个零磁通直流电流互感器设备包括一个相互绝缘的铁芯和线圈，它们组装在一起作为一个采集系统（传感器），安装在一次电流的导线周围，同时还有一个电子模块安装在控制盘柜内。现场实物如图6-1。

6.1.3.2 直流光电流互感器

直流光电流互感器的结构包括：一次电流传感器，远方模块，光传输系统，光接口板（SG102板）。

图6-1 零磁通直流电流互感器

直流电子式光电流互感器利用分流器传感直流电流，利用基于激光供能技术的远端模块就地采集信号，利用光纤传送信号，利用复合绝缘子保证绝缘。直流电子式电流互感器绝缘结构简单可靠、体积小、重量轻、线性度好，动态范围大，可实现对高压直流电流及谐波电流的同时监测。本产品有悬挂式及支柱式两种结构形态，可适用于不同的现场安装需求。

直流电子式光电流互感器主要由四部分组成：

（1）一次传感头，一次传感头由分流器及一次导体等部件构成，分流器用于传感直流电流，其额定输出信号为 75mV。

（2）远端模块，远端模块也称一次转换器，接收并处理分流器的输出信号。远端模块的输出为串行数字光信号。远端模块的工作电源由位于控制室的合并单元内的激光器提供。

（3）光纤绝缘子，绝缘子为内嵌光纤的复合绝缘子，内嵌 24 根 62.5/125μm 的多模光纤，光纤绝缘子高压端数据光纤以 ST 接头与远端模块对接，功率光纤以 FC 接头与远端模块对接，低压端光纤以熔接的方式与传输光缆对接，传输光缆为铠装多模光缆。

（4）合并单元，合并单元置于控制室，合并单元一方面为远端模块提供供能激光，另一方面接收并处理远端模块下发的数据，并将测量数据按规定协议（TDM 或 IEC60044-8）输出数字量信号供二次设备使用。

图 6-2 所示为 PCS-9250-EACD 直流电子式电流互感器的结构示意图。

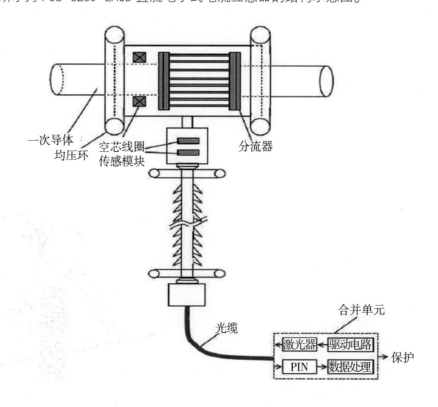

图 6-2　直流电子式光电流互感器的结构示意图

6.1.4 工作原理

6.1.4.1 零磁通直流电流互感器原理

6.1.4.1.1 零磁通互感器原理

零磁通电流互感器是指磁通为零的互感器，即互感器的铁芯理论上没有磁通。提供磁通的交变励磁电流会导致电流互感器的测量误差，若把交变励磁电流降为零，误差将大大减小。由于分布电容、漏感等原因，零磁通电流互感器还是有误差，但和一般互感器相比的精度已提高了至少一个数量级。

互感器线圈有内阻，势必有电压降，交变的磁通产生的电动势提供了电压降。实现零磁通最简单有效的方法就是利用另一个叠加在主互感器上的辅助互感器来提供大小相等的反电动势，去补偿 $I \times R$ 产生的压降，这样主互感器的磁通将不提供电动势，实现了零磁通。

直流互感器工作原理实质上是当铁芯被交直流线圈同时激励时，引起铁芯饱和程度的改变，使交流线圈的电抗大小发生变化，交流电流及串在回路中的取样电阻上的电压会相应改变。当直流为被测电流时，由取样电阻上可得到正比于直流电流的电压。

6.1.4.1.2 换流站零磁通互感器实现原理

零磁通电流互感器式的直流电流测量装置的原理是基于铁芯和线圈组件里的理想安匝数是平衡的，所以测量精度就只和电气模块中的负载电阻和输出放大器有关。

系统的精度取决于铁芯线圈组件的匝数比和电子元件的精度。因此，一旦匝数比确定，系统精度只与电子元件有关。

零磁通直流电流互感器测量原理见图 6-3。铁芯和线圈组件包括三个铁芯 T1、T2 和 T3，每个都有一个辅助绕组，即 N1、N2 和 N3。在这三个铁芯周围有一个补偿绕组，这个绕组包括了两个匝数相同、并联的绕组 N4、N5。为了校核，绕组 N5 应当断开并且作为校核的输入端。

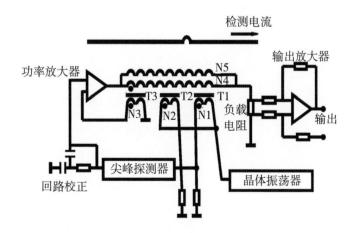

图 6-3　零磁通直流电流互感器测量原理

铁芯 T3 是一个磁通稳定器或者电磁积分器，在此绕组上感应出的任何电压都会被功率放大器立即消除，为了忽略直流漂移瞬间的影响，放大器通过调节二次侧电流与测量电流的一致来维持铁芯中理想的安匝平衡。

铁芯 T1、T2 为相互作用的电磁力平衡（mmf）检测器，通过连续检测安匝平衡的慢速偏差，它能消除功率放大器的扰动。因此，系统把相互作用的电磁力平衡检测器的稳定性，和电磁积分仪的固有精度、频带宽度的优点结合在了一起。

相互作用的电磁力平衡检测器动作原理：励磁发生器使铁芯 T1、T2 趋向饱和，当铁芯饱和时，电流急剧上升。N1 绕组中电流的上升可由峰值检测器检测。N2 绕组能完全平衡由 N1 绕组产生的电磁通。如果铁芯中还有纯直流磁通的话，峰值检测器就会检测到，并且作为正向和反向电流峰值的差值，最后加一个修正信号给功率放大器。由于一次电流的过励使其超过了功率放大器的输出能力，这会使功率放大器的输出达到饱和。

过励只是暂态情况，绕组 N4 和 N5 将作为一个正常的电流互感器，提供电流给负载电阻。任何一次铁芯里直流磁通的过励都将被一个饱和的检测器检测到，此检测器提供一个信号给换流器控制系统，显示直流电流测量装置过电流。

6.1.4.2　直流光电流互感器原理

光电流互感器具有许多突出的优点，主要包括无绝缘油、因不含铁芯故没有磁饱和、磁滞现象，抗电磁干扰能力强等三方面。光电流互感器共分为无源型和有源型。目前 500kV 直流换流站内广泛使用有源型光电流互感器，而无源型光电流互感器也在部分变电站开始挂网运行。

有源型光电式电流互感器的高压侧的传感头中，全部采用的是电子器件。在高压侧用罗柯夫斯基线圈（相当于空心线圈）将母线电流变成若干伏特的电压信号；该电压模拟量经过 A/D 转换成数字信号，然后由电光转换电路（LED）将此数字信号变成光信号，再通过绝缘的光纤将光信号送到低压侧；在低压侧，由光电转换元件将光信号转换为数字电信号，供继电保护或电能计量等装置使用。光电流互感器的测量回路图及传输路径见图 6-4、6-5。

无源型光电流互感器的工作原理为：从发光二极管产生的光线进入光纤，起偏后被分成二束正交偏振光。这二束光经过 1/4 波长的波板后，被分别转换为左偏振光和右偏振光，随后进入载流感应区，经反射板反射后再沿原路返回，最终进入检测单元。

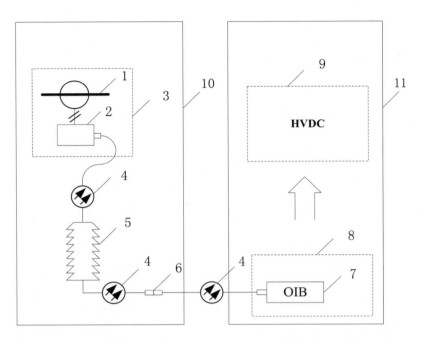

1—高压直流线；2—远程模块（一次电流转换器）；3—光 CT 本体；4—光纤；5—高压绝缘子；6—光纤耦合器；
7—光接口板；8—控制保护主机；9—HVDC 控制保护系统；10—户外部分；11—户内部分

图 6-4 直流光电流互感器的测量回路

图 6-5 直流光电流互感器的传输路径

6.2 试验

6.2.1 型式试验

6.2.1.1 穿墙套管上的电流互感器温升试验

执行温升试验应当符合 IEC60044 - 1/7.2 节的标准。试验的电流应当为交流 50Hz，电流有效值等于技术参数中规定的最大连续直流电流。

此试验通过的标准与最大环境温度有关，此温度是与 IEC60044/4.6 节相符的技术说明书中的第 7 节规定的。

6.2.1.2 中性母线上的电流互感器试验

6.2.1.2.1 雷电冲击试验

试验应当按 IEC60044 - 1/7.3 节的标准执行。

试验标准应当能满足技术参数中规定的标准。

6.2.1.2.2 温升试验

温升试验应当符合 IEC60044 - 1/7.2 节的标准。试验的电流应当为交流 50Hz，电流有效值等于技术参数中规定的最大连续直流电流。

此试验通过的标准与最大环境温度有关，此温度是与 IEC60044/4.6 节相符的技术说明书中的第 7 节规定的。

6.2.1.2.3 绝缘介质损耗和电容测量

绝缘试验前后，绝缘损耗和电容不应有明显的变化。

6.2.1.3 电气模块上的试验

为了进行试验，需要用一根连接电缆把电气模块和铁芯线圈组件连接在一起，连接电缆和现场使用的电缆的型号是相同的，或者质量比后者差一点。连接电缆的长度应当等于或者超过现场使用的最长的一根。

对于一次侧电流应当使用多匝来获得试验所需的规定安匝数。

每种类型的电气模块和铁芯线圈组件都要取一个做型式试验。

6.2.1.3.1 阶跃响应试验

阶跃暂态响应试验应当按以下的电流阶跃执行：

0.1p.u.—1p.u.；1p.u.—0p.u.；0.5p.u.—0.25p.u.；0.5p.u.—0.75p.u.。

其中：1p.u. 等于技术参数中定义的额定直流电流。

6.2.1.3.2 大电流特性试验

在做大电流特性试验时，测量系统应当用一个阶跃电流进行试验，波头近似直线上升。

一次阶跃电流等于短路电流，阶跃最小持续时间为 20ms，阶跃上升时间为 4ms。

若被测电流超过 6p.u.，直流电流测量装置的输出电压应当在被测电流达到 12p.u. 后至少 20ms 内超过 10V。

试验期间，应当检查饱和情况。当电流达到 12p.u. 时，一个延时在 15-20ms 期间的常开继电器接点将发出一个信号。

6.2.1.3.3 频率响应试验

频率响应试验应当在 50Hz 的频率上进行，也可在 1200Hz 的谐波频率上进行，验证频率达到 1200Hz 的正弦输入量的交流测量比率（幅值）和相位。

6.2.1.3.4 暂态抗扰性试验

所有连接铁芯线圈组件的输入端都应在公共和横向模式下进行一次耐冲试验（SWC），应符合 ANSI/IEEEC37.90.1—1989 规定。试验中铁芯线圈组件应当连在一起。

6.2.1.3.5 干燥加热试验

干燥加热试验应当符合 IEC60068/2.2 节。

试验期间额定电流的直流精度和连锁信号应当被监视。如果直流精度保持在特定范围内，联锁信号不受扰乱，那么试验可认为是成功的。

6.2.1.3.6 联锁回路的高频冲击试验

直流测量不仅易受直流阶跃的影响，且易受暂态电流振荡的影响。频率超过所需带宽时测量精度不作规定。但是，超过所需带宽的频率仍然应当考虑对联锁回路饱和状态检测部分的冲击。为此，必须执行下列试验：

将一次侧等于1p.u.的直流电流叠加一个第一个峰值（和直流电流同相）为12p.u.、1ms后衰减至0.1p.u.的10kHz的交流电流。在这项试验中，保护监测接点情况应当至少被记录3ms，但是必须用一个连接的试验装置或者类似的仪器连续监视。接点应当保持闭合，即无饱和情况发生。

将一次侧等于1p.u.的直流电流叠加一个第一个峰值（和直流电流同相）为6p.u.、1ms后衰减至0.1p.u.的5kHz的交流电流。在这项试验中，保护监测接点情况应当至少被记录100ms，但是必须用一个连接的试验装置或者类似的仪器连续监视。接点应当保持闭合，即无饱和情况发生。

6.2.1.3.7 直流精度试验

直流精度试验应将传感器和电气模块结合作为一个功能组进行试验。

测量点应当包含额定电流的0、±0.1、±1、±1.1、±2、±3、±6p.u.，并且应当一直做到额定电流的12p.u.，从而建立所规定的饱和特性。

6.2.1.4 短时电流冲击试验

与之有关的耐热试验应符合 IEC60044 – 1 的规定。

6.2.2 预防性试验

6.2.2.1 铁芯和线圈组件试验

铁芯线圈组件上的例行试验是为了校验绕组绝缘是否足够，匝数比是否正确。由于零磁通运行的原理，在实际匝数正确时铁芯和线圈组件不会引起测量系统的误差。

本节下述的试验都在每个铁芯线圈组件上进行。铁芯线圈组件安装在高压装置之前或后都可以进行该试验。铁芯线圈组件可以在没有电气模块的情况下试验。

6.2.2.1.1 变比试验

补偿绕组在试验期间应分别连接，每个绕组的匝数比应当测量并记录下来。

注意：试验可以使用任何标准匝数的校验方法来进行。此试验也可以与电气模块一起进行，这时匝数校验可以通过测量直流精度来进行。

6.2.2.1.2 穿墙套管上的互感器试验

穿墙套管上的互感器根据 GB50150 进行试验。

6.2.2.1.3 输出绕组的工频耐受试验

试验根据 IEC60044 – 1/8.3 节，在 3kV$_{rms}$ 额定的工频电压下进行 1 分钟，此试验在下列部位之间进行（各名称意义见图 6-6）：

将输出绕组 N1 + N2 + N3 + N4 + N5 短接，将 S1 + S2 + S3 + S4 短接并接地，在它们之间；

N4 和 N5 之间；

S3 和 S4 之间；

将 S1 + S2 连在一起，和 S4 之间。

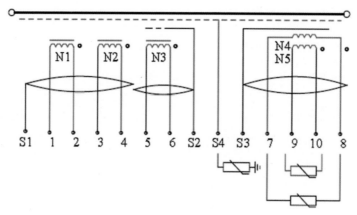

图 6-6　端子标记图

6.2.2.2　直流精度试验

直流精度试验应将传感器和电气模块结合作为一个功能组进行。

测量点应当包含额定电流的 0、±0.1、±1、±1.1、±2、±3、±6p.u.，并且应当一直做到额定电流的 12p.u.，从而建立所规定的饱和特性。

6.2.2.2.1　接线端标记的校验

接线端标记的校验试验应当保证接线端符合图表的要求，与 IEC60044-1/8.1 节和 10.1 节相符合。

6.2.2.2.2　铁芯和线圈校验

最后包装的铁芯线圈组件应与环氧树脂绝缘和接线盒保持一致性。

图 6-7 所示为测量感应电压的回路。电压 $U1$（由一个低阻抗电源实现，如可调变压器）可以调节从而使得铁芯进入饱和区域。

6.2.2.3　中性母线上的传感器试验

6.2.2.3.1　输出绕组的工频耐受试验

试验将根据 IEC60044 – 1/8.3 节，在 3kV$_{rms}$ 额定的工频电压下进行 1 分钟，此试验在下列部位之间进行（各名称意义见图 6-5）：

将输出绕组 N1 + N2 + N3 + N4 + N5 短接，将 S1 + S2 + S3 + S4 短接并接地，在它们之间；

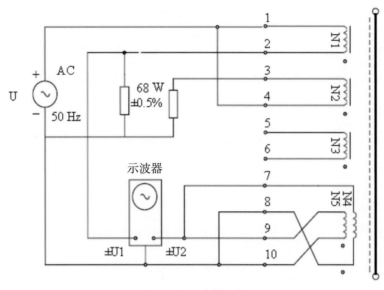

图 6-7　测试回路

N4 和 N5 之间；

S3 和 S4 之间；

将 S1 + S2 连在一起和 S4 之间。

6.2.2.3.2　一次侧绕组的工频试验和局部放电测量

传感器应当承受 1 分钟的工频电压，此电压参数在技术数据中有所规定。试验进行应当符合 IEC60044—1/8.2.1 节和 8.2.2 节。

无论如何，对于固体绝缘元件来说，加压后最大可承受的 PD 水平为 100PC。

6.2.2.3.3　直流精度试验

直流精度试验应将传感器和电气模块结合作为一个功能组进行试验。

测量点应当包含额定电流的 0、±0.1、±1、±1.1、±2、±3、±6p.u.，并且应当一直做到额定电流的 12p.u.，从而建立所规定的饱和特性。

6.2.2.3.4　功率因数试验

功率因数试验应当在技术参数中规定的交流 50Hz 的电压下进行。此试验符合 IEC60137/8.1 节的标准。合格标准提供在 IEC60137 中。

6.2.2.3.5　接线端标记的校验

接线端标记的校验试验应当保证接线端能符合图表的要求，与 IEC60044-1/8.1 节和 10.1 节相符合。

6.2.2.3.6　干式直流耐压试验和局部放电试验

1. 干式直流耐压试验

试验中施加一个正极性的直流电压，维持 60 分钟，试验电压 U_{dc} 如下：

$U_{dc}=1.5U_d$，其中：$U_d=$ 设备的额定直流电压。

2. 局部放电试验

在 60 分钟的干式直流耐压试验的最后 10 分钟期间必须进行局部放电试验，认可的标准为最大脉冲幅值为 1000pc 的脉冲小于 10 个。

为了测量个别局部放电的视在电荷，应当使用脉冲示波器。设备和基本试验回路应当符合 IEC60270 的标准。

6.2.2.4　电气模块试验

所有的电气模块都要进行例行试验。在电气模块例行试验期间铁芯线圈组件应当被连接。

为了进行试验，需要用一根连接电缆把电气模块和铁芯线圈组件连接在一起，连接电缆与现场使用的电缆型号是相同的，或者性能参数比它们稍差一点。

连接电缆的长度应当等于或者超过现场使用最长的一根。

对于所有的例行试验，应当采用最小试验电压。

对于一次侧电流应当使用多匝来获得试验所需的规定安匝数。

6.2.2.5　直流精度试验

直流精度试验应将传感器和电气模块结合作为一个功能组进行试验。

测量点应当包含额定电流的 0、±0.1、±1、±1.1、±2、±3、±6p.u.，并且应当一直做到额定电流的 12p.u.，从而建立所规定的饱和特性。

6.2.2.6　阶跃响应试验

试验应当按照如下的电流阶跃进行：

0—1p.u.；1—0p.u.。

其中：1p.u. 等于技术参数中定义的额定直流电流。

6.2.2.7　频率响应试验

频率响应试验测量 50Hz 下的电压电流的幅值与相位。

测量应当用一个相应于 0.1p.u. 一次电流的有效值电流进行。

6.2.2.8　匝间绝缘试验

检测匝间绝缘的试验应当按照 IEC60044-1，8.4 节规定进行。

6.2.2.9　漏油试验

注油设备应当在内部压强达到 35kPa 的情况下进行 24 小时试验，试验期间表面应当没有漏油。

6.3 日常维护

6.3.1 零磁通直流电流互感器外观检查

（1）检查外绝缘表面清洁、无裂纹及放电现象。如果表面污秽严重，有污闪可能，或瓷质部分裂纹明显，应立刻汇报运行人员，及时停电处理。

（2）设备外涂漆层清洁，无锈蚀，漆膜完好。锈蚀及油漆层的缺陷可等停电机会处理。

（3）检查硅橡胶有无放电痕迹，如有放电痕迹应更换处理。

（4）油位检查，油面指示应与实际指示线相符。

（5）各部位密封良好，瓷套、底座、阀门和法兰等部位无渗漏油现象。

（6）底座、支架牢固，无倾斜变形。

（7）铭牌、标志牌完备齐全。

6.3.2 直流光电流互感器

6.3.2.1 外观检查

（1）检查外绝缘表面清洁，无裂纹及放电现象。

（2）设备外涂漆层清洁，无锈蚀，漆膜完好。

（3）底座、支架牢固，无倾斜变形。

6.3.2.2 参数监视

（1）光通道光功率、光电流在设备运行正常范围。

（2）检测通道奇偶检验错误次数，如果错误次数增加较快，应检查光通道以及相关板卡。

6.4 常见故障及处理

6.4.1 直流光电流互感器故障分类

6.4.1.1 故障现象

（1）误码率（奇偶检验值报错率）快速上升，光通道关闭；

（2）光电流、光功率等参数异常；

（3）测量故障。

6.4.1.2 故障位置

（1）传感器板卡；

（2）光接口板；

（3）光纤回路。

6.4.2　故障分析及处理

通过对厦门柔性直流输电工程运行以来的运行参数和故障的统计分析，发现直流光电流互感器故障中，表现为误码率快速上升现象的在其中超过一半，并且光电流、光功率的数据脉冲、采样脉冲高。现针对故障情况分析如下。

6.4.2.1　由光电流互感器的传感器故障或运行不稳定引起

主要故障表现如下：

（1）光电流互感器测量电流不正确，从而引起保护误动作。

（2）光电流互感器监视数据不正常，光功率测量数据偏大，误码率高，从而发出告警，或引起控制保护主机退出运行。

处理方法为：更换传感器。

6.4.2.2　由光纤回路故障引起

光电流互感器通过光纤连接到控制保护系统主机。光纤不仅传输光功率，还传输光脉冲数据，所以光电流互感器对光纤的要求很高，光纤头不清洁、连接不好或光纤回路衰耗大，都可能导致光电流互感器发误码率高告警。

光纤故障也容易导致光电流互感器测量系统运行不稳定，在龙泉、江陵站均出现过由于光纤问题导致光电流互感器运行过程中出现误码率高、光功率高现象，导致控制系统主机退出运行的情况。

光纤出现问题的原因主要有：

（1）光纤回路中接头过多，光纤接头连接不好，光纤头不清洁等，导致光纤衰耗过大。

（2）光纤连接光电流互感器本体和控制系统主机，敷设时经过较多盘柜后弯曲点较多，影响光信号的传输。

（3）光电流互感器对光纤回路要求较高，安装施工质量和光纤头制作工艺不佳，都会影响到光纤的运行。

光纤出现问题后，需要对光纤的接头和光信号传输情况进行检查。使用光纤测试仪的波形分析功能检查回路是否完好，使用光纤显微镜检查接头是否污损。

处理的主要手段有清洁处理光纤头、重新制作光纤头和更换备用光纤等。

6.4.2.3　由光接口板故障引起

控制系统主机内光接口板故障相对较少，处理时更换光纤接口板，若确认为光接口板的发光装置等元件故障，亦可更换元件。

光接口板更换的时候要注意，部分接口板更换后有激光跳线须修改，须安装板卡程序。

第7章 直流电压测量装置

7.1 概述

7.1.1 作用

直流电压测量装置在换流站内控制保护系统中用于直流电压测量，安装在直流极母线处以及阀厅内中性母线处测量相应位置电流，具体用在控制、保护、测量、录波等功能中。

7.1.2 基本要求

直流电压测量装置的设计应当满足各种电气参数及机械强度的要求，如绝缘子长度应与带电部分长度相匹配，以降低放射电压应力；也应考虑到正常工作时绝缘子表面没有泄漏电流通过测量回路；还要满足抗震等级等。

7.1.3 结构

每套直流电压测量装置包括两个部分：一个是位于直流场的分压器，另一个是位于控制室的电子设备。

7.1.3.1 电气接线图

直流电压测量装置为电阻/电容性，包括一个高压支路及一个带连接端口的低压支路，通过输出端口连接至电子设备进入控制保护系统进行测量，电气接线图如图7-1。

极母线分压器配有一个油位指示装置。

分压器在绝缘子的表面没有泄漏电流能够通过测量回路，考虑到这一点，绝缘子中间不带有金属法兰。另外，设计分压器内部的泄漏电流也不能影响测量。

为了在额定方向电压支路中通过的电流为2mA，直流母线电压电阻 R_{13} 将不变。电压抽头的底部电阻 R_{24} 的电阻值为50kΩ，它与电压等级无关。

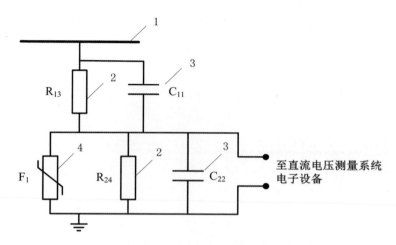

1—高压直流线；2—电阻；3—电容；4—避雷器
图 7-1 直流电压测量装置电气接线图

电容器 C_{11} 和 C_{22} 是为了给出两个支路的瞬时反应。然而，为了补偿电缆电容和低通滤波器电容，低压支路电容器 C_{22} 将在现场进行调整，在接线箱中调整更好。

低压支路的电阻器型号同高压支路中的一样，分压器属于补偿电容型。

分压器的二次抽头将带有一个保护装置用于限制抽头与地之间的电压。

7.1.3.2 A/D 采集系统

直流电压测量装置电子设备有两条支路，每一条都包括一个低通滤波器（ C_F = 34100pF）、两个高稳定分压器（ R_3 =56kΩ， R_4 =4.5kΩ）和一个带有缓冲放大器的 A/D 采集系统，采集原理图如图 7-2。

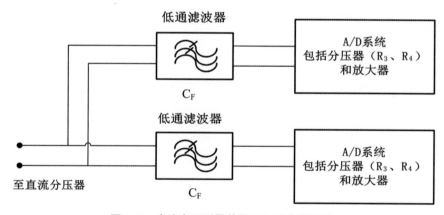

图 7-2 直流电压测量装置 A/D 采集原理图

7.1.4 工作原理

通过图 7-1 可以看出，分压单元分为高压部分和低压部分，根据分压比例，通过低压输出电压反映一次电压。其中低压输出端电压送至电子设备进行测量运算，由图 7-2 可以看出，电子测量部分采用双回路进行测量，从而确保可靠性。

分压器底部有一个端子盒，其中有端子和电路板，电路板可以调节电压比和响应时间，运行单位不得私自调节该电路板。电路板上有电压限制装置，防止测量系统电压超过某一限值，如 400V。电压限制装置非常重要，因此每隔一段时间必须对其进行检查。

　　站内可对电压限制装置进行的检查如下。检查时必须断开电路板上的 H 接线，它从分压器内部连至左侧的电路板端子，分压器的端子盒接线见图 7-3。

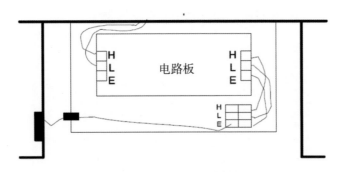

图 7-3　分压器端子盒接线

　　（1）使用绝缘电阻表（用于检查绝缘电阻）：仪器使用的电压小于等于 DC1000V。如果将仪器连接至 H 和 L 端子上，应能够见到电压限制装置内部有火花。若无火花，则表示电压限制装置有问题。

　　（2）使用高压交流电压源（如绝缘检查仪器）：在连接仪器到 H 和 L 端子前先降低电压源输出至 0。升高电压时的速率为 50V/ 秒，直到绝缘检查仪器自动截止电压或是电压限制装置内部有明显火花。但电压绝对不要超过 AC300V。若没有能自动截止（内建电流限制器）的设备，可使用一电阻（阻值大于等于 50kΩ，功率大于等于 20W）与电路板和电压源串联，为了得到较好的结果，可使用峰值电压表检查限制电压。

7.2　试验

7.2.1　型式试验

7.2.1.1　雷击试验

　　雷击试验是通过加上 1.2/50 波形的电压几微秒来进行的，并且符合 IEC 60186 条款 13.2.1 标准。试验电压在技术数据中有详细的说明。

7.2.1.2　湿的开关脉冲试验

　　该试验仅适用于极母线分压器。

　　对分压器做开关脉冲试验时气候应较湿，所加的试验电压值在技术数据中有详细说明。

　　试验将按照 IEC60186 条款 14.2 标准进行。

　　开关脉冲波形在 IEC60060-1 中有详细说明。

7.2.1.3　湿的直流耐压试验

该试验仅适用于极母线分压器。

加反向电压来进行湿的直流耐压试验，湿度将符合 IEC60060-1 条款 9.1 中的标准。相关的技术数据中将给出试验电压和试验时间。

7.2.1.4　反向电压的干式直流耐压试验和局部放电试验

该试验仅适用于极母线分压器。

在 Electra No. 46（用于换流变压器）中对该试验有描述。

试验电压是技术数据中指定的最大持续直流电压 U_{dmax} 的 1.25p.u.。

在分压器元件上加一个反向直流电压，持续时间为 90 分钟。然后将所加电压转向，也就是在分压器元件上加正向电压，持续时间也是 90 分钟。再将所加电压转向，持续时间为 45 分钟。这样类似地进行下去，直到持续时间为 1 分钟或者 2 分钟为止。

在整个试验过程中，按照 IEC60270 条款 9 中的标准来进行局部放电试验。

7.2.1.5　频率响应试验

输入正弦信号时的交流变比和相位将在频率为 50、100、200、300、400、500、600、700、800、900、1000 和 2000Hz 情况下测量。

7.2.1.6　高压电阻测量

该试验用于验证在绝缘试验前后电阻值的偏差不超过 0.1%。

7.2.2　出厂试验

7.2.2.1　分压器元件上的常规试验

7.2.2.1.1　电阻值测量

分压器高压支路上的电阻 R_{13} 将通过低压侧来测量。测量设备的精确等级为 0.1％ 或者更高。测量时通过加正向电压和负向电压来测量两次，取两次测量的平均值作为它的电阻值。在高压电阻测量后，低压电阻应测量很多次。低压电阻测量值的偏差最大不能超过 0.05％，也就是在测量公差范围内。

7.2.2.1.2　低压抽头的交流耐压

在分压器的低压抽头上加试验电压（3kV$_{rms}$）1 分钟，试验时低压支路应被隔离。

7.2.2.1.3　低压抽头的限压装置的检查

测量低压抽头上的限压装置的限制电压或者火花放电电压。

7.2.2.1.4　用 PD 测量来进行干式直流耐压试验

加上反向电压来进行干式直流耐压试验。试验电压和试验时间将遵守相关的技术数据。耐压标准是：最大冲击幅度不得低于 10 个 1000pC 的脉冲组，持续时间是 10 分钟。

7.2.2.1.5 测量电容值

加上频率为 50 或 60Hz 的 3 个 PD 试验电压来测量分压器的高压直流电容值。通过同一种方法测量两个电容和功率因数（损失角），可以确保高压电阻一致，不会影响电容的测量值。

7.2.2.1.6 雷击试验

雷击试验是通过施加 1.2/50 波形的电压几微秒来进行的，并且符合 IEC 60186 条款 13.2.1 的规定。试验电压在技术数据中有详细的说明。

7.2.2.1.7 干式开关脉冲试验

该试验仅适用于极母线分压器。

对分压器做开关脉冲试验时气候应干燥，所加的试验电压值在技术数据中有详细说明。

试验将按照 IEC60186 条款 13.3 的标准进行。

开关脉冲波形在 IEC60060-1 中有详细说明。

7.2.2.1.8 直流电压变比试验

直流电压变比将在额定电压和 0.1p.u. 电压下测量。

7.2.2.1.9 油渗漏试验

注油设备将承受 35kPa 的过压 24 小时，试验期间不能出现漏油。

7.2.2.2 对整个电压测量系统的试验

为开展试验，须将二次分压器通过一个缓冲放大器与分压器元件相连。在试验之前应对整个系统进行调节。

7.2.2.2.1 低压支路电阻的测量

对电阻 R_{24} 测量的精确度须达到 0.05 %。

在额定母线电压下，可以计算出二次滤波器的输入电压，并将该电压值记录在分压器设备的铭牌上。

为了加热分压器元件中的金属层电阻器，应对其先加上直流电压。

7.2.2.2.2 瞬时反应试验

测量系统的瞬时反应将通过在高压端子上加阶跃电压来得到演示。在缓冲放大器的输出端可以测出该反应。

测量电压的上升（10% − 90 %）时间将不会超过 250μs。

检查电阻和电容之间标度比的匹配，偏差不能超过 2 %。这一点可以通过最初阶段跟踪的响应的扁平部分上的倾斜度的演示来证明，倾斜度至少在 500 毫秒内不会超过 2 %。

如果有必要的话，调整低压支路上的电容。

用于瞬时反应试验的测试电路可以通过一个电容器来实现，它的电容值大约为100nF，所充的电不少于分压器量程的10%。同时阶跃电压可以通过一个相配装置对电容器进行放电来得到，为了减少振荡，在放电回路中增加一个电阻器。

7.2.2.2.3　低压支路电容试验

需要测量整个低压支路的电容，测量中将涉及到测量电缆或等效设备的电容值，和低通滤波器（包括在试验通道中的）的电容值。

7.2.2.2.4　频率响应试验

直流电压测量系统的频率响应必须确保：在最大耐压情况下，测量值在HVDC系统控制和保护的精确要求范围内。

输入正弦信号时的交流变比和相位将在频率为50Hz的情况下测量。

7.2.3　预防性试验

7.2.3.1　例行试验

7.2.3.1.1　电压限制装置功能验证

检查电压限制装置的保护水平，应符合设备技术文件要求。一般是用输出电压不超过1000V的兆欧表作用于电压限制装置的两个端子上，应能识别出电压限制装置的内部放电。

7.2.3.1.2　分压电阻、电容值测量

达到设备要求的校核周期，或分压器二次侧电压值异常时，应测量高压臂和低压臂电阻阻值，同等测量条件下，初值差不应超过 ±2%；如属阻容式分压器，应同时测量高压臂和低压臂的等值电阻和电容值，同等测量条件下，初值差不超过 ±3%，或符合设备技术文件要求。

需要指出的是，使用电桥测量阻容式分压器的介质损耗因数，可以间接得到分压器参数，但不能理解为传统意义的介质损耗因数。

7.2.3.2　诊断性试验

7.2.3.2.1　分压比校核

当二次侧读数异常，或者达到设备要求的校核周期时进行本项目。电压比应与铭牌标志相符。测量方法是在一次侧施加电压，电压值任意落在80%~100%的额定电压范围内，而后测量二次侧电压，验证电压比。简单检查可取更低电压。

这项试验是简单的确认试验，不是完整的电压比试验。如果校核结果明显偏离铭牌值，或与其他同型设备不一致，应进行诊断性试验。

7.2.3.2.2 油中溶解气体分析（充油型）

取样应按设备技术文件要求进行，禁止取油样的，应谨慎行之。准备继续投运时，应注意密封和油位，确认符合设备技术文件之要求。

7.3 日常维护

7.3.1 外观检查

（1）检查外绝缘表面，应清洁、无裂纹及放电现象，如果表面污秽严重，有污闪可能，或瓷质部分裂纹明显，应立刻汇报运行人员，及时停电处理。

（2）设备外涂漆层清洁，无锈蚀，漆膜完好。锈蚀及油漆层的缺陷可等停电机会处理。

（3）检查硅橡胶有无放电痕迹，如有放电痕迹应更换处理。

（4）油位检查，油面指示应与实际指示线相符。

（5）各部位密封良好，瓷套、底座、阀门和法兰等部位应无渗漏油现象。

（6）底座、支架牢固，无倾斜变形。

（7）铭牌、标志牌完备齐全。

7.3.2 分压器维护

分压器的维护工作主要有以下的检查内容。

有关设备的任何修理和调整必须得到制造商的许可。但较小的维护工作，如清理瓷瓶可以在站内自行开展。

（1）检查分压器的机械连接是否完好，大约每年进行一次，以及在每次短路操作后进行。

（2）在污染地区，每隔一定时期应使用压缩空气除尘器或干净的纺织布料清洁瓷瓶。污染程度较轻时，用清水洁净；较重污染时，使用5％的清洁剂水溶液。

（3）至少每年应进行的检查：

1）防护漆或镀层有无损伤，若有应修补。

2）在高压接线端，测量电缆、接地线是否连接完好。

（4）每次短路操作后或至少每2年检查端子盒内部的电压限制装置功能是否正常，保护水平应大约为DC400V（严禁超过该值）。

（5）检查有无漏油和瓷片破损。

（6）检查分压器顶部的压力指示器，以确认有无漏油，油面必须高于最低值，否则分压器绝对不能投入运行。

注意：运行中分压器底部结构也会带有高压电，运行中不得进行任何检修工作。

7.4 常见故障及处理

从换流站运行经验来看，直流电压测量装置运行稳定，在正常运行过程中出现故障的情况比较少，故障主要表现为：污闪、接线盒进水、均压环放电、二次测量板卡故障。

拆下故障的测量板卡的步骤如下：

（1）做好二次安全措施，将受影响的系统打至"试验"状态；

（2）做好防静电措施，关闭该电压测量板机架电源；

（3）拔下该电压测量板对应电缆，做好防护措施，取出该板卡。

安装新的测量板卡的步骤如下：

（1）按照技术文件，核对新板卡型号和参数等，满足板卡正常运行要求；

（2）恢复该电压测量板对应电缆接线和电源，检查无异常报警；

（3）将该系统与冗余系统测量值比较，在正常范围内；

（4）恢复系统正常运行。

第8章 阀冷却系统

8.1 概况

本章内容以厦门柔性直流输电科技示范工程 ±320kV 换流站为例，共分浦园和鹭岛两个站点，每站分极 I 和极 II 两个阀厅，共配置四套独立的闭式循环阀冷系统设备。

一套完整设备包括：一套阀内冷系统（包括主循环设备和水处理设备），一套阀外冷系统（包括冷却塔、喷淋泵组、外冷水处理系统），内外冷系统共用的电源，控制系统，以及整个设备的所有管道及备品备件。

换流阀内冷却系统主要包括主循环冷却回路、去离子水处理回路、氮气稳压系统、补水装置、管道及附件、仪器仪表和控制保护系统。IGBT 换流阀外冷却系统主要包括密闭蒸发式冷却塔、喷淋水泵、活性炭过滤器、喷淋水软化装置、喷淋水加药装置、喷淋水自循环旁路过滤设备、排污水泵、配电及控制设备、水管及附件、阀门、电缆及附件等。

8.2 使用条件

8.2.1 室外气象与地震参数

多年平均气温：21.4℃。

极端最高气温：40℃。

极端最低气温：-5℃。

室外设计湿球温度：28℃。

日平均相对湿度：90 %。

月平均相对湿度：95 %。

地面水平加速度：0.2g（0.40g），地面垂直加速度：0.13g（0.26g）。注：实际设计按 0.40g 水平加速度、0.26g 垂直加速度，并配备相应的抗震措施。

8.2.2　水质条件

外冷系统补给水采用自来水，其水质符合国家《生活饮用水卫生标准》。

换流阀冷却系统的冷却介质为去离子水，正常运行时阀冷系统电导率不高于 0.5μS/cm，冷却介质含氧量不大于 200ppb，补充水电导率 < 10μS/cm。

8.2.3　电源条件

业主为阀冷系统提供的交流电源参数为：4 路 AC/380V/3P/50Hz。

业主为阀冷系统提供的直流电源参数为：8 路 DC/220V。

8.3　系统技术参数

8.3.1　换流阀的设计输入参数

冷却容量：5000kW。

额定流量：155.6L/s。

阀端压差：2.5bar。

最低进水温度：10℃。

阀的最大进水温度：42℃（报警）。

阀的最大进水温度：45℃（跳闸）。

阀的最大出水温度：54℃（报警值）。

去离子水电导率：< 0.5μS/cm。

8.3.2　阀冷系统主要技术参数

表 8-1　阀冷系统主要技术参数表

名称	参数	备注
冷却系统型号	LWW5000-560F	
冷却系统额定冷却容量	5000kW	
进阀温度（设计值）	40℃	
进阀温度高报警设定值	42℃	
进阀温度高跳闸设定值	45℃	
进阀最低运行温度	20℃	
进阀温度超低报警设定值	10℃	
阀厅进出水温差	≤ 12℃	
冷却介质	去离子水	
进阀额定流量	155.6L/s	

续表

名称	参数	备注
进阀流量低报警设定值	140L/s	
进阀流量超低报警设定值	126L/s	
去离子水处理回路额定流量	3.33L/s	
正常（主循环）电导率值	$< 0.5\mu S /cm$	
电导率值（报警）	$0.5\mu S/cm$	
电导率值（跳闸）	$0.7\mu S/cm$	
正常（去离子）电导率值	$< 0.2\mu S /cm$	
pH 值	6~8	
阀体额定流量时压降	≤ 0.25 MPa	
阀冷设备设计压力	1.0MPa	
阀冷设备测试压力	1.6MPa	
主循环过滤精度	$100\mu m$	
去离子回路过滤精度	$5\mu m$	
冷却介质总容量	约 27000L	
电源供应	4 路 AC/380V ± 10%，50 ± 1Hz 8 路 DC/220V	
额定功率 额定电流	340kW 600A	高温段
额定功率 额定电流	355kW 620A	低温段
阀冷设备外形尺寸 长 × 宽 × 高 mm	5000 × 3000 × 3400 2800 × 1700 × 3000 4500 × 2300 × 2140 1600 × 1200 × 2350 1800 × 1600 × 3303 2200 × 2000 × 2515 800 × 800 × 1460 2480 × 680 × 1300 5486mm × 2578mm × 4613mm/ 套，共 3 套	主循环设备 水处理设备 喷淋泵组 自循环装置 炭滤装置 软化水装置 反洗泵组 加药装置 闭式冷却塔
阀冷设备净重 / 运行荷重（kg）	8000/10000 3000/4500 800/10000 2000/3500 2800/6000 1700/3000 300/600 200/1000 7025/10275，单套	主循环设备 水处理设备 喷淋泵组 自循环装置 炭滤装置 软化水装置 反洗泵组 加药装置 闭式冷却塔

8.3.3 系统设备配置

表 8-2 阀冷系统设备配置

主要单元	配置
主循环泵	1 用 1 备，共 2 台
主过滤器	100μm，共 2 套
离子交换器	精混床，1 用 1 备，共 2 套
补水装置	自动补水，补水泵 1 用 1 备，共 2 台；原水泵 1 台
缓冲密封系统	膨胀罐，2 个
电加热器	接触式加热，共 4 台，顺序启动
二次散热方式	闭式冷却塔，共 3 组，1 组备用
喷淋泵	3 用 3 备，共 6 台
控制器	PLC（S7-400H 系列），控制系统冗余配置
人机界面	KP1200，2 台
保护要求	双重报警（预警、跳闸）
主机通讯	对实时性要求较高的远程控制信号和阀冷系统报警信号，系统通过开关量接点与换流阀直流控制与保护系统通讯。 对信息量较大的在线参数、设备状态监测及阀冷系统报警信息报文，系统通过 2 路 PROFIBUS 总线与上位机进行通讯。

8.3.4 主要设备一览表

表 8-3 阀冷系统主要设备一览表

序号	名称	规格	单位	数量
一	主要单元设备		套	1
1	主循环泵	Q=572m^3/h，H=65m，160kW	台	2
2	电加热器	15kW	台	4
3	原水泵	Q=4.0m^3/h，H=12m，0.37kW	台	1
4	补水泵	Q=2 m^3/h，H=50m，0.75 kW	台	2
5	主管道过滤器	Φ273×1160，100μm	个	2
6	精密过滤器	Φ89，5μm	个	2
7	膨胀罐	Φ608×2000	个	2
8	原水罐	Φ608×2000	个	1
9	脱气罐	Φ710×1300	个	1
10	离子交换器	Φ408×1500	个	2
11	密闭式冷却塔	GL-LWW5000-560	台	3
12	喷淋泵	Q=234m^3/h，H=15m，15kW	台	6
13	全自动软水器	GL900-17F2	套	1

续表

序号	名称	规格	单位	数量
14	活性炭过滤器	GH–1600	套	1
15	自循环过滤泵	Q=30m³/h，H=15m，3kW	台	2
16	加药装置	非标件，200L	台	4
17	反洗泵	立式，Q=45m³/h，H=30m	台	2
18	潜水泵	Q=10m³/h，H=15m，1.5kW	台	2
二	内冷主要仪表			
19	流量变送器	72F DN250	套	1
20	流量变送器	72F DN250，双变送器	套	1
21	流量开关	3–9900–1，P525–2S	只	1
22	压力开关	YXC–100(0~16MPa)	只	2
23	压力变送器	S–10，0~1.6 MPa	只	9
24	压力表	0~2.5MPa	只	2
25	压力表	0~1.6MPa	只	9
26	外冷进水温度计	TI20(–40~80℃)	只	1
27	压差表	0~0.06MPa	套	2
28	温度变送器	TR10 (–50~100℃)	只	6
29	阀厅温湿度变送器	EE210	套	2
30	电导率变送器	0.02~10μS/cm	套	5
31	电容式液位变送器	FMI51，L=2000	套	2
32	磁翻板液位计	EFC31B1H–2，C=1800	套	2
33	液位开关	FD–MH50C	只	2
三	外冷主要仪表			
34	流量变送器	3–9900–1，P525–2S	只	3
35	压力表	0~1.6MPa	只	4
36	温度变送器	TR10 (–50~100℃)	只	4
37	温湿度变送器	EE210	只	2
38	压差开关	702.02–E–BBC	套	1
39	压力变送器	S–10，0~1.6MPa	只	5
40	液位开关	FACC03	只	8
41	液位变送器	FMI51，L=2000	套	2
42	磁翻板液位计	EFC31B1H–2，C=1800	套	1
43	液位开关	EFB–1420	只	2
44	电导率变送器	5μS/cm~2S/cm	套	1

8.4 冷却工艺流程

8.4.1 设备工艺条件

换流站阀冷系统采用的是类似工程中目前最先进的做法，其设计和制造基准是能保证阀冷系统在各种环境条件下满足换流阀的各种运行工况。

阀冷系统能长期稳定运行，不允许有变形、泄漏、异常振动和其他影响换流阀正常工作的缺陷。管路系统的设计保证其沿程水阻为最小。所有机电设备和仪表均选择国际及国内知名的可靠产品，材料的选择考虑了系统在长期高电压运行环境下产生的腐蚀、老化、损耗的可能性。阀冷系统的密封方式和密封材料的选型确保冷却系统在正常运行时无泄漏。

8.4.2 冷却过程及原理

阀冷系统的设备构成如图 8-1 所示。

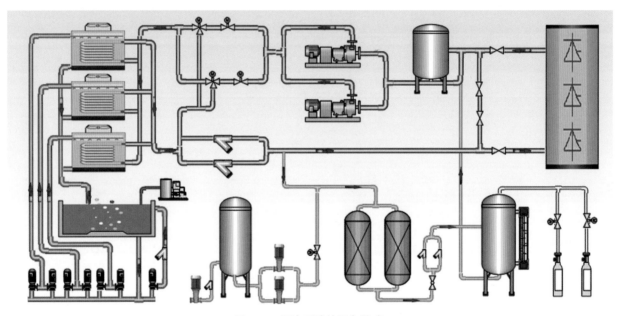

图 8-1　阀冷系统的设备构成

阀冷系统冷却介质通过内冷系统主循环泵，进入室外换热设备（闭式喷淋塔），将换流阀产生的热量带到室外，冷却介质经冷却液冷却后，进入换流阀，形成密闭式循环冷却系统。通过控制闭式喷淋塔工作台数、风机转速和喷淋泵的起停，实现精密控制冷却系统的循环冷却水温度的目的。为降低换流阀塔内管道所承受压力，提高换流阀的安全运行能力，阀冷系统将阀组布置在循环水泵入口侧。

阀冷系统设定的电加热器对冷却水温度进行强制补偿，防止进入换流阀的温度过低而导致凝露现象。为了保证换流阀冷却介质具备极低的电导率，在主循环冷却回路上并联了去离子水支路。

系统中各机电单元和传感器由 PLC 自动监控运行，并通过操作面板的界面实现人机的即时交流。

阀内冷系统的运行参数和报警信息即时传输至主控制器，并可通过主控制器远程操控阀冷系统。系统中所有仪表、传感器、变送器等测量元件装设于便于维护的位置，能满足故障后不停运检修更换的要求；阀进出口水温传感器应装设在阀厅外。

去离子装置、膨胀罐、水泵、管道及阀门等设备中一切与内冷却水接触的材料均采用 304L 或 316 及以上等级的不锈钢材料，系统主管道和去离子回路内设有机械式过滤器（不锈钢芯体）以过滤杂质，从而确保内冷却水的高洁净度。

密闭式冷却塔能够把工艺流体的温度降低到相当于接近空气湿球的温度。系统工作时，需要冷却的工艺流体在蛇行的热交换器盘管内部流动，外部有喷淋系统以持续湿润盘管表面。喷淋到盘管上的水流经一段具有高效冷却作用的热交换层进行冷却后再落至集水盘以再循环利用。系统采用了复合流技术，空气同时吸入并通过盘管和 PVC 热交换层，使一部分水蒸发。气流中所夹带的所有水分均由飞溅水挡水板进行回收，并送回至集水盘上，籍由蒸发，将热量从喷淋水中带走，进而冷却盘管及盘管中的工艺流体。闭式冷却塔主要包括密闭式冷却塔体壁板、换热盘管、热交换层、密闭冷却塔风机及电机、进风导叶板、水分配系统、挡水板、集水箱、检修门及检修平台等。

循环水池中的喷淋水经过 3 组分设在水池边的喷淋泵升压后，通过喷淋管道分别进入冷却塔喷淋支管和喷淋嘴，从上至下喷淋在冷却塔内部的冷却盘管外表，与自上而下的冷却塔风机的第一股空气流形成同向流动，循环喷淋水从盘管上落至 PVC 热交换层上，并于 PVC 热交换层上由第二股新鲜空气通过蒸发和显热式的热传导过程进行冷却，在液态水变为气态水的过程中会带走热量散到大气中，未能蒸发的喷淋水通过冷却塔集水箱回流到循环水池，再进入喷淋泵，如此周而复始。每台闭式冷却塔喷淋系统配备 2×100% 喷淋水泵，布置在喷淋泵房泵坑内。

由于喷淋水的不断蒸发，水中的离子浓度会越来越高，对管道系统造成危害，因此，为保持喷淋水在一定的离子浓度和硬度范围内，需要对喷淋水进行排放和补充，喷淋水自循环过滤系统出水管道上设置了排水阀门与管道，并对循环喷淋水池设置了补水系统。

为了将管道的腐蚀程度降到最低，防止滋生藻类菌类等微生物，防止空气中尘埃进入循环喷淋水形成淤泥，系统设置了不同的加药系统，并设置有循环过滤设备。

为汇集故障时的排水，在喷淋泵坑设置有集水坑设高低液位监测，并设计两台潜水泵进行积水的排放。

室外换热设备主要由闭式冷却塔、喷淋泵组、喷淋水池、炭滤装置、软化水装置、自动反冲洗过滤装置、旁路过滤装置、加药系统、各类仪表等部分构成，设备通过 PLC 系统实现自动控制。

8.5 阀冷系统的组成

8.5.1 阀内冷却回路

阀内冷却回路主要组成部分：主循环泵、主过滤器、电加热器、脱气罐、膨胀罐、去离子回路、补给水回路、主管道及连接件等设备。

8.5.1.1 主循环泵

主循环泵为离心泵，采用机械密封，接液材质为不锈钢316，1用1备，每台为100%容量。主泵进出口与管道连接部分采用软连接，主泵设计有轴封漏水检测装置，及时检测轻微漏水。主泵前后设置有阀门，以便在不停运阀内冷系统的情况下进行主泵故障检修。

主循环泵电源馈线开关从站用电上专门设置，两台主泵电源分别取自站用电的不同母线。

如果运行泵故障或不能提供额定压力或流量，系统马上切换至备用泵，并发出报警信号。主泵正常连续运行一段时间（168h）后将自动切换，切换时系统流量和压力保持稳定，同时，主泵设有手动切换功能。

主循环泵选型参数为：

阀内冷系统冷却液为去离子水；

冷却液温度为10~65℃；

总流量约为572m³/h；

扬程约为65m。

主循环泵管路高点设置有排气阀，以便在不停运阀冷系统时进行主泵故障检修。

8.5.1.2 主过滤器

为防止循环冷却水在快速流动中可能冲刷脱落的刚性颗粒进入阀体，在阀体主管道的进水管路中设置精度为100μm的机械过滤器，采用网孔水阻小的不锈钢滤芯。过滤器设压差表提示滤芯污垢程度，提醒操作人员清洗，清洗为在线手动。

主过滤器设置在主泵出口管路上，采用不锈钢滤芯，共2个。

8.5.1.3 电加热器

置于阀内冷却主回路中，用于冬天温度极低或阀体停运时的冷却水温度调节，避免冷却水温度过低。电加热器运行时阀冷系统不能停运，必须保持管路内冷却水的流动，即使此时换流阀已经退出运行。

当冷却介质温度接近阀厅露点温度，管路及器件表面有凝露危险时，电加热器开始工作。

电加热器共四台。

8.5.1.4 脱气罐

置于内冷却回路泵的入口处，罐顶设自动排气阀，完成冷却水中气体排出的功能。

8.5.1.5 旁路阀

在换流阀检修期间，为了保证系统介质纯净度的稳定，在阀冷室内通向换流阀厅的进出水管道之间设置有旁路阀。正常运行时旁路阀关闭；在因换流阀泄漏而进行维护期间，关闭通向换流阀的进出水管道阀门，打开旁路阀，维持阀冷室至户外的管道循环。

8.5.2 去离子回路

去离子回路是并联于内冷却主回路的支路，主要由混床离子交换器和精密过滤器以及相关附件组成，主要是吸附内冷却回路中部分冷却液的阴阳离子，通过对冷却水中离子的不断脱除，抑制在长期运行条件下对金属接液材料的电解腐蚀，以及避免电气击穿等不良后果。

离子交换树脂采用进口核级非再生树脂，吸附容量大，耐高温，流速高，专用于微量离子的去除。

去离子水量在系统正常运行时应为设定值。当电导率传感器检测到高值时，发出报警信号，提示站内值班人员更换离子交换树脂。

离子交换器设1用1备，当其中一台的树脂失效时，手动切换至另一台运行，同时更换失效树脂，更换时不影响系统运行。如无特殊污染源，系统更换单台树脂的周期为3年。

去离子水流量计监视回路堵塞情况。

去离子水电导率变送器监视树脂是否失效。

去离子回路预留除垢装置接口和仪表接口。预留一条电缆从去离子装置到内冷B控制柜。

8.5.2.1 离子交换器

离子交换树脂选用进口非再生树脂作为原料进行特殊配比，正常运行状态下，单台树脂可连续使用3年，共设置2套，1用1备。

操作温度：≤60℃。

8.5.2.2 精密过滤器

精密过滤器设置在离子交换器出口处，以拦截可能破碎流出的树脂颗粒，共2套，1用1备，精度5μm，采用可更换滤芯方式。

8.5.2.3 膨胀罐

膨胀罐置于阀冷系统水处理回路，与氮气稳压装置联动以保持管路的压力恒定，与补充水回路和去离子回路共同完成介质的补给。膨胀罐底部设置曝气装置，增加氮气溶解度，以在脱气时更有效地带走介质内的氧气。膨胀罐可缓冲阀冷系统因温度变化而产生的体积变化。

设置 2 套独立的电容式液位传感器和 1 套磁翻板式液位传感器，装在膨胀罐外侧，可显示膨胀罐中的液位，采用三取二原则出口。传感器具有自检功能，当传感器故障或测量值超出范围时能自动提前退出运行，不会导致保护误动。

当膨胀罐中的液位到达低点时，传感器发出报警信号，触发设备在报警值前自动进行补水；当液位到达超低点时，传感器发跳闸信号，并由极控系统远程停运阀冷系统，提示操作人员检修。同时，膨胀罐的液位传感器传输线性连续信号，当液位传感器检测到膨胀罐液位下降速率超过整定值，则判断系统管路或阀体可能有泄漏，并根据液位下降速率，分别发出小泄漏报警（24 小时泄漏报警）或大漏水跳闸信号。

膨胀罐液位变化定值和延时设置有足够裕度，能躲过温度变化、外冷设备启动、传输功率变化引起的液位变化，防止液位正常变化导致保护误动。

膨胀罐底部设置曝气装置，增加氮气溶解度，脱气时更有效地带走氧气。

8.5.3　补水装置

补水装置包括补水用原水罐、补水泵、原水泵及补水管道等。

当原水罐液位低于设定值时，提示操作人员启动原水泵补水，保持原水罐中补充水的充满。自动补水泵根据膨胀罐液位自动进行补水，也可根据情况进行手动补水。

8.5.3.1　原水罐

原水罐采用密封式，以保持补充水水质的稳定。原水罐设磁翻板液位计。当原水罐液位低于设定值时，提示操作人员启动原水泵补水，保持原水罐中补充水的充满。

原水罐设置自动开关的电磁阀，平时关闭，在补水泵和原水泵启动时自动打开，以保持原水的纯净度。

8.5.3.2　补水泵及原水泵

根据功能不同，补水装置中的泵分为原水泵和补水泵。原水泵出水口设置 Y 型过滤器，并设置进出口压力表。

原水泵 1 台，手动操作。

补水泵 2 台，自动运行或手动操作均可，补水时互为备用。

8.5.4　管路系统及其附件

8.5.4.1　阀门及密封件

阀冷系统中所有阀门接液材质均采用 304L 及以上优质不锈钢。管道法兰密封均采用 PTFE 材质，严格保证系统的高稳定性与可靠性。

8.5.4.2　金属软管

管道与设备间的连接均为焊接或法兰。为使管道系统在安装时具有可调节性，在管道末端设置有不锈钢软管。这种金属软管使得管道系统在安装时允许在任意方向上的 5mm 以内的安装偏差。

8.5.4.3　不锈钢波纹补偿器

在主泵的进出口应设置不锈钢补偿器，该补偿器的主要作用是缓冲主泵运行时产生的机械应力。

8.5.4.4　自动排气阀

管道系统的最高位置设有自动排气阀，能自动有效地进行气水分离和排气功能，保证最少的液体泄漏。冷却回路中固有的气体和运行中产生的气体会聚结在管路中产生诸多不良影响——污染水质、减少流道截面、增大管道压力甚至导致支路断流现象，因此在回路中的主要容器及高端管路均设置自动排气阀进行排气。同时为方便检修、维护及保养，阀冷系统管道的最低位置设置排污口、紧急排放口等。

自动排气阀材质采用不锈钢。

8.5.4.5　管道加工及接地

管路与管道件采用自动氩弧焊接，经精细打磨工艺而成，外部亚光处理，无可见斑痕，内部经多道清洗，通过严格的耐压检验。现场管道安装采用厂内预制、现场装配的形式，杜绝现场焊接后处理不善造成的一系列隐患。

管道在工厂内制作完成后应两端封口，防止杂物进入，到达现场后安装前应采用压缩空气吹除灰尘及杂物。

现场安装期间，管路系统实施可靠接地，保持等电位，以杜绝可能产生的电腐蚀。

外部管道材质：不锈钢 304L，DN250。

主循环管道材质：不锈钢 304L，DN250。

去离子回路管道材质：不锈钢 316L，DN50。

所有阀冷系统的外部管道法兰两端采用不小于 35mm² 的铜导线进行等电位连接，最终在阀冷设备间与接地母排相连，确保管路可靠接地。

主循环装置主机、水处理设备均设可靠的接地点，与阀冷设备间接地母排相连，确保设备可靠接地。

所有外部管道安装支架均设有接地点，与换流站接地系统相连，确保支架可靠接地。

8.5.5　阀外冷却回路（闭式冷却塔）

8.5.5.1　基本配置

闭式冷却塔作为换流阀冷却系统的室外换热设备，将换流阀的热损耗传递给喷淋水以及大气。

安装地点位于水冷室外、控制楼两侧室外循环水池上部，每套设备含 3 组闭式冷却塔。每极阀厅室外设喷淋水池，所有冷却塔的外形及组合布置占用的空间不超过水池边界。控制屏柜、喷淋水软化处理设备、喷淋水泵等布置在喷淋泵房。

一般情况下，3 组冷却塔均可投入运行，如某台冷却塔发生故障退出运行，则另两组冷却塔将提高其冷却风机的转速以确保冷却效果。

闭式冷却塔所有金属和非金属密封材料至少应保证 35 年的设计使用寿命，材料的选择、焊接制作工艺和密封工艺遵循的原则是在任何情况下都不允许渗漏。

厦门柔直工程所使用的冷却塔选用了相同尺寸和规格的风机、阀门和电气元件，其备品备件均可互换。

在冬季，当阀冷系统停运时，为了防止室外设备及管道内的水结冰，在最低点设置有紧急排空阀门，在极端情况下，可迅速排空管束和管道内的介质以防冻。

8.5.5.2 工作原理

阀内冷却液在闭式冷却塔的盘管内循环经过，冷却液的热量经过盘管散入经过盘管的外冷却水中。同时机组外的第一股空气从顶部进入，与盘管内水的流动方向相同，循环冷却水从盘管上落至 PVC 热交换层，并于 PVC 热交换层上由第二股新鲜空气通过蒸发和显热式的热传导过程进行冷却。在此过程中一部分的水蒸发吸走热量，热湿空气从冷却塔顶部另一侧排出到大气中。其余的水落入底部水盘，汇集到地下循环水池，由喷淋水泵送至喷淋水分配管道系统进行喷淋。

8.5.5.3 设备工艺

风机采用闭式冷却塔专用的类型，其中配置长寿命的全封闭变频电机，电机处于塔外的干区，远离塔内湿热水汽。

为了确保设备使用的稳定性和高安全性，配置有高效挡水板，具有防腐烂、抗生物侵害的作用，保证水的飘逸率少于 0.001%。

冷却塔的整个水系统为全封闭式，阻止了阳光照射，可避免机组内产生生物性污染，确保换热的稳定性，仅须投放少量药剂便可控制循环水中水藻、军团菌等生物的生长。

壁板采用优质亚光不锈钢板制作，壁板与框架结构的连接采用不锈钢螺栓连接。

整个设备采用高效节能的轴流式风机，运行时空气和喷淋水以顺畅、平行和向下的路径流过盘管表面，维持了完全的管外覆盖。在这种平行的流动方式下，水不会由于空气流动的影响出现与管底侧分离的现象，从而消除了有利于水垢形成的干点。

设备布水系统包括喷淋水泵、喷淋配水管网、喷嘴等；设备采用大口径的"反堵塞环"喷嘴，能有效防止堵塞和便于清洗；均匀分布的配水管网、实验室数据确定的喷水流量可以保证在整个运行期间盘管处于完全浸湿的状态下。

喷淋水采用超大口径防堵塞喷嘴，配管与喷嘴采用卡口与配管连接形式，更便于单个喷嘴或整个支管拆卸后的清理和冲洗。

设备采用蛇行盘管设计，它是冷却塔最主要的部件。这种盘管在有害结垢防护方面的效果更好。

设备风机、水泵的电机均采用全封闭防潮密闭性设计，具有很高的防潮和防雷效果，保证了换流站运行的安全性。

8.5.6　补充水处理系统

8.5.6.1　外冷系统补水量的确定

冷却塔的水量损失由蒸发、风吹和排污等各项损失组成，为了让冷却塔长期稳定地运行，减少长期运行后冷却盘管产生的积垢，以及延长冷却机组的使用寿命等，我们对喷淋水的补充、排放和处理进行分析计算，根据水源参数的不同，选择相应的处理设备和工艺进行水的软化处理。软化处理的设计是在补充水原水质符合 GB5749-2006《生活饮用水卫生标准》的前提下进行的。

8.5.6.1.1　水量损失计算公式

1. 外冷水蒸发损失量

$Q_1 = P/r$

其中：Q_1—蒸发损失水量（L/s）；P—总散热功率（kW）；r—水的汽化潜热（2260kJ/kg）。

2. 外冷水系统排污损失量

$Q_2 = Q_1/（N-1）$

其中：Q_2—排污损失量（L/s）；Q_1—蒸发损失量（L/s）；N—浓缩倍数（根据工业循环冷却水处理设计规范 GB50050—2007，浓缩倍率不宜大于 5、小于 3，为降低浓水对盘管的腐蚀和减少盘管结垢的周期，取浓缩倍率为 4）。

3. 闭式冷却塔风吹损失水量

$Q_3 = 0.001Q_w$

其中：Q_w—循环水量（L/s）；0.001—风吹损失率，根据招标规范要求不大于 0.001。

三组冷却塔总喷淋水循环水量：$Q_w = 234 \text{m}^3/\text{h} \times 3 = 702 \text{m}^3/\text{h} = 195 \text{L/s}$。

4. 外冷水系统补充水量

$Q = (Q_1 + Q_2 + Q_3)/\eta$

其中：Q—补充水量（L/s）；η—安全裕量，取值 0.8。

8.5.6.1.2　最大水量损失

最大蒸发损失量 Q_1=5000/2260=2.21 L/s，即 132.75 L/min

排污损失量为 Q_2=132.75/(4-1)=44.25L/min

风吹损失水量 Q_3=0.1％·195 = 0.195 L/s，即 11.7 L/min

外冷水系统最大补充水量 Q=（132.75+44.25+11.7）=188.7L/min

注：实际排污量根据在线喷淋水电导率进行调节，即当喷淋水电导率达到会引起结垢的水平时，适当加大排污量，反之，适当减少排污量。

8.5.6.2　工业补水泵

喷淋水补水口处设置有流量计，便于现场补充水量的记录，同时设置电动控制阀门及手动旁路阀。当阀冷系统检测到喷淋水池液位达到补水液位时，自动打开补水处电动阀门，同时由阀冷控制系统发信号启动远方工业补水泵；当喷淋水池液位达到设定值时，关闭补水处电动阀门，并由阀外冷控制系统发信号停运远方工业补水泵，实现与工业补水泵的连锁。

工业补水泵由业主提供。

8.5.6.3　活性炭过滤器

活性炭过滤器内装粒状椰壳净水型活性炭、石英砂，主要去除水中的大分子有机物、胶体、异味物、余氯等杂质，防止软化装置内的树脂被氧化。过滤器为立式结构，通过压差控制或定时进行反冲洗。活性炭过滤器的反洗、正洗过程可将活性炭滤层的杂质冲洗出来，同时使滤层松动，提高流量及吸附效果。

活性炭过滤器主要技术参数见表 8-4，滤料装填情况见表 8-5。

表 8-4　活性炭过滤器主要技术参数

项目	单位	参数	备注
额定处理流量	m^3/h	20	实际运行时为 13m^3/h
设计压力	MPa	0.6	试验压力 0.75MPa
运行压力	MPa	0.5	运行压力
设计流速	m/h	8~12	
运行温度	℃	≤ 40	
运行滤速	m/h	11	
过滤器压损	MPa	0.05~0.08	过滤器进出口压差
反冲洗强度	$L/m^2 \cdot s$	4	
反冲洗时间	min	20~30	

表 8-5 滤料装填情况

设 备	滤料名称	滤料规格	单 位	数 量	装填高度
活性炭过滤器	石英砾石	8~16mm	kg	350	$h_1=100$ mm
	石英砾石	4~8mm	kg	350	$h_2=100$ mm
	石英砾石	2~4mm	kg	350	$h_3=100$ mm
	活性炭	8~18 目	kg	800	$h_4=800$mm

原水进水水质：符合国家《生活饮用水卫生标准》。

过滤器出水水质：游离余氯 ≤ 0.05mg/L，一氯胺（总氯）≤ 0.05mg/L；臭氧（O_3）0.02mg/L；二氧化氯 ≤ 0.02mg/L。

活性炭过滤器进、出水管路均设有不锈钢压力表，检测过滤器两端压差。活性炭过滤器进出口配不锈钢取样阀二件，取样槽一件，取样阀、管道及取样槽材质均采用不锈钢。取样槽排水管接至地沟或室内地漏。

过滤器设置 2 个检修人孔，便于设备的安装及检修。同时设置窥视孔 2 个，位于活性炭界面处和最大反洗膨胀高度处。

人孔及人孔盖的内表面与容器的内表面平齐。人孔配有人孔盖、垫圈、螺栓、螺母和起吊杆等全套部件。

窥视孔镜采用透明耐腐蚀的材料，厚度能承受容器的设计压力和试验时的试验压力，窥视镜的内表面与容器的内表面平齐。

活性炭过滤器采用反洗水泵反洗。反洗泵采用不锈钢离心泵，流量 45m³/h，水泵出口压力 0.3 MPa。

活性炭自动反洗阀门及反洗泵的控制由阀外冷控制系统控制。

8.5.6.4 全自动反清洗过滤装置

在活性炭过滤器后端、喷淋水软化设备前端设置有全自动清洗机械过滤器模块，由过滤器、压差表、自动反冲洗控制阀等组成。

过滤器选用先进的过滤器产品，通过程序设定可实现定时启动、压差控制启动及手动控制启动三种启动方式。压差控制启动状态的压差设定范围为 ≤ 0.1MPa，当前后差压差达到设定值时，由控制阀实现自动反冲洗；定时启动状态的时间设定范围为 0~12 小时。

单台过滤器反冲洗时不影响系统正常供水，正常运行时排污量约为通过滤网总水量的 1%~5%。过滤网过滤精度为 100μm。

8.5.6.5 反冲洗水泵

反冲洗泵为软化装置和活性炭过滤器的反冲洗提供动力，间歇运行，共设置 2 台。

输送流体：喷淋水。

流体温度：10~65℃。

总流量约为 45m³/h。

扬程约为 30m。

8.5.6.6 补充水软化及加药装置

8.5.6.6.1 补充水软化设备

补充水的软化采用全自动软化水处理设备，由离子交换器、再生系统和溶盐系统三部分组成。当软化器运行时，喷淋水自上而下通过树脂层，水中的钙、镁硬度不断被离子交换树脂吸附而除去，使硬水得到软化。

选用 2 套全自动钠型树脂软水设备，1 用 1 备。进水设置有自动反冲洗过滤器、压力表等。通过在软水器的控制器设定运行周期（可调），软水器实现自动切换、自动再生。

软水器罐体选用 900mm 直径，每次反洗时间为 15min。喷淋水软化处理系统与盐溶液接触的管道及附件、阀门的材质均采用耐化学腐蚀材料。

全自动软水器型号：GL900-17F2。

最大处理水流量：17m³/h。

软化水硬度：≤ 0.03mmol/L。

树脂：美国罗门哈斯树脂。

树脂罐尺寸：ϕ900mm×1500mm。

8.5.6.6.2 喷淋水杀菌加药系统

在循环喷淋水中，为防止喷淋水滋生藻类，需要定期杀菌灭藻。厦门柔直工程采用德国米顿罗一体化加药装置，其操作元件少，使用时间长，可实现定时定量自动控制加药。杀菌灭藻剂交替使用氧化性杀生剂与非氧化性杀生剂。

该加药装置主要技术参数：型号 GL-P066-368TI，流量 7.6L/h，功率 22W，PE 桶 200L，数量 2 台。

8.5.6.6.3 喷淋水缓蚀阻垢加药系统

为防止喷淋水不断浓缩后对换热盘管等造成腐蚀和结垢，增加缓蚀阻垢剂加药系统。

加药系统主要技术参数：型号 GL-P046-358TI，流量 2.2L/h，功率 22W，PE 桶 200L，数量 2 台。

杀菌灭藻剂为定期投加，其浓度较低，经氧化与挥发，持续残留在喷淋水中的含量极低，而缓蚀阻垢剂对环境不存在危害，保证喷淋水的排放符合国家的排放标准。

该系统与化学药品接触的管道及附件、阀门材质均采用耐化学腐蚀材料。

8.5.7 自循环过滤系统

8.5.7.1 喷淋水自循环过滤器

由于长期运行，循环水池中会因为喷淋水的循环而积累杂质，所以对循环水池设计一套喷淋水自循环过滤设备来控制杂质浓度。过滤设备连续运行。

在喷淋水自循环中采用砂滤器，可以过滤去水中的胶状介质、吸附微生物污染的细小颗粒和大分子有机物。

自循环水量按喷淋量的 5% 设计。当检测到过滤器压差超过限值时，自动打开电动阀，进行反冲洗。

8.5.7.2 砂滤罐

其主要参数如下：

尺寸 $\phi 900 \times 1100$；装填高度 500mm。

8.5.7.3 喷淋水自循环过滤泵

其主要参数如下：

流量 $30m^3/h$；扬程 15m；电机 3.0kW。

8.5.7.4 喷淋水排水

为保持循环喷淋水质的稳定，当检测到水质超过设定值，系统可自动或手动开启排污阀进行排污，当水质到达合理范围时关闭排污阀。

8.5.8 喷淋泵及其喷淋总管道

喷淋泵为卧式离心结构，其尺寸符合 EN 和 ISO 标准，具有工作范围广、结构稳固、高负载、多种电机选配等特点。

六台喷淋水泵共用一根进水母管。每个冷却塔喷淋水泵进口设置蝶阀，出口设置止回阀和蝶阀、压力表。为了减震，水泵与管道采用波纹管连接。

室内喷淋总管和室外部分总管的材料均采用不锈钢 304L，法兰全部采用不锈钢，法兰密封圈材质 PTFE。

在喷淋水泵至冷却塔的出水管上设置排水支管和阀门。喷淋水管最低点设置排水阀以便将管道内的水排空，防止冬季停运且室外气温较低时喷淋水结冰。

8.5.9 地下喷淋循环水池

为了保证冷却塔喷淋水的稳定性和可靠性，室外设置地下水池，水池的液位传感器设置在泵坑，当液位低时，及时发出信号连锁启动工业水泵，并启动喷淋水处理系统对水池进行补充，补至设计液位时自动停止，并发信号停止工业水泵。

8.5.10　盐箱

在软水器旁配置 1 个盐箱，盐箱设置高低液位开关和电导率传感器，可检测盐箱液位，当水位不满足要求时，自动补水；当电导率不满足要求时，提示操作人员补充工业盐。

8.5.11　排污系统

在喷淋泵坑中设置集水坑，用以收集系统中的各种故障漏水。

集水坑中设置高低液位开关用以检测坑中液位。当液位值达到高值时，坑中配置的潜水泵启动，将坑中的水抽出排放；到达低液位时潜水泵自动停止。

两台水泵递次交替运行。潜水泵也可以手动启动。每台排污泵出口设置止回阀。

8.6　电气回路

8.6.1　一次回路

8.6.1.1　动力电源

换流阀冷却水系统主循环泵设备分开两路电源单独供电，可有效预防由于电源切换装置故障导致主循环泵均停运的故障发生。

内冷部分需要 2 路交流 380V 电源，一路电源直接接入 P01 主循环泵，另一路电源直接接入 P02 主循环泵，见图 8-2。

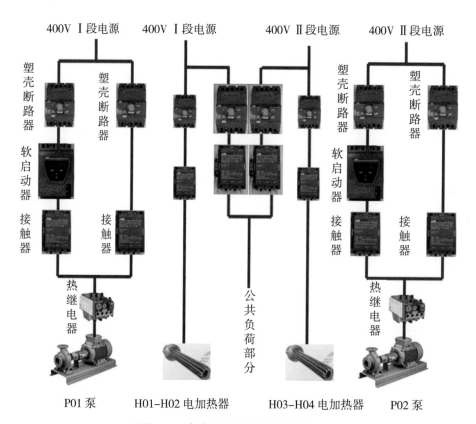

图 8-2　内冷动力电源配置原理示意图

外冷部分也需要 2 路交流 380V 电源，通过 5 组双电源切换装置给外冷设备供电。

8.6.1.2　动力电源的监视

实时监控进线动力电源状况：阀冷系统的交流进线电源失压继电器采用直流工作电源的继电器，电源故障、切换装置动作以及当前工作电源回路等状态信息都实时上传；就地设有电压、电流、电源故障等指示。

8.6.1.3　对主设备的保护

对换流阀冷却水系统的主循环泵、补水泵、原水泵、加热器、冷却塔风机、喷淋泵、自循环泵、反冲洗泵等，就地设置状态指示灯，指示当前设备的运行状态。故障状态信息上传。主循环水泵开关保护设置速断和过负荷保护，不设置过流保护。

为保障检修时设备、人身安全，每台主循环泵、冷却塔风机、喷淋泵等均就地设置安全开关，可就地切断供电电源。

8.6.2　二次回路

二次回路即控制回路，实现：

（1）对阀冷系统的监控与保护；

（2）将阀冷系统的工作状况上传给极控或站控；

（3）对阀冷系统进行远程控制。

8.6.2.1　控制电源

8.6.2.1.1　冗余配置

厦门柔直每极阀冷系统具备 8 路直流 220V 电源。阀冷控制保护系统通过开关电源将 DC220V 转换成 DC24V 后用电。4 路直流电源接入水冷 A 控制系统，2 路直流电源接入水冷 B 控制系统，2 路直流电源接入水处理控制系统。双电源的冗余配置中，一路电源发生故障或断开时，该电源的控制系统停止工作，另一路供电的控制系统继续执行工作。

主泵、电加热器的控制回路不采用直流电源，而采用与该设备主回路相同的交流电源。

8.6.2.1.2　控制电源的监视和保护

实时监控进线控制电源状况，对掉电故障、电源故障和当前工作电源回路等状态信息都实时上传。如控制电源掉电，由直流空气开关辅助触点输出干接点信号。

控制系统电源回路配有抗浪涌保护装置，开关电源具有隔离变压功能。

8.6.2.2　控制系统

阀冷却装置的控制系统如图 8-3 所示。

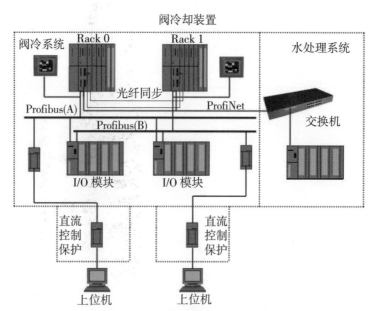

图 8-3　阀冷却装置的控制系统结构

其中阀冷系统按完全双重化配置，每套完整、独立的水冷保护装置能处理可能发生的所有类型的换流阀冷却系统故障。两套系统安装于不同的控制柜内，如图 8-4 所示，方便维护、检修。

图 8-4　完全冗余的阀冷系统控制柜

正常情况下，双重化配置的水冷保护均处于工作状态，允许短时退出一套保护。从一个控制系统转换到另一个控制系统时，不会引起高压直流输电系统输送功率的降低。同时当主控制系统或备用系统保持在运行状态时，允许能对备用系统或主控制系统进行维修和改进。

两套阀冷控制系统的主机同时采样、同时工作，但只有一个在激活状态，任意一台主机出现故障时均能闭锁直流，且采用常闭接点的跳闸回路具有接点监视功能。

两套传感器全部接入两套阀冷却控制保护系统，具备可靠的防拒动和防误动措施，避免单一元件故障导致保护拒动或误动。

为方便水处理设备的检修，水处理设备独立设置一个 PLC 控制系统，通过总线与阀冷控制系统冗余 CPU 通信。其他设备的运行与故障报文由阀冷控制系统传送给上位机。

8.6.2.3 主要设备选型

8.6.2.3.1 柜体选型

配电柜和控制柜采用国内优质品牌产品，室内布置符合 IP30 标准，室外露天布置符合 IP54 标准。

控制柜的内、外表面应光滑整洁，没有焊接、铆钉或在外侧出现的螺栓头。整个外表面端正光滑，并有足够的强度能经受住搬运、安装和运行期间产生的所有偶然应力。

控制柜内部有交流 220V 的照明灯和标准电源插座。端子排、电缆夹头、电缆走线槽均由阻燃型材料制造。端子排的安装位置便于接线，距柜底不小于 300mm，距柜顶不小于 150mm，排与排之间的距离不小于 200mm。

控制柜开启简单、方便及灵活。

8.6.2.3.2 PLC 及输入输出模板

PLC 是换流阀冷却系统控制与保护的核心元件，选用西门子 S7-400H 系列，如图 8-5，其功能强大，性能可靠，其信号摸板可以进行热插拔，可以在过程运行时连接或断开，而不必暂停运行，所有硬件设置都可以通过软件完成。

图 8-5　S7-400H 系统架构图

供货商确保在 HVDC 控制系统的操作员站上完成对阀冷系统的监视和控制。

所有开关量 I/O 模块具有光电隔离装置，同时开关量模块具备自诊断功能，能够进行掉线和掉电诊断。

电源配有抗浪涌保护装置并包括一个隔离变压器。

PLC 能在高的电气噪声，无线电波干扰和振动环境下连续运行。在距电子设备 1.2 米以外有工作频率达 400~500MHz、功率输出达 5W 的电磁干扰和射频干扰时，不影响系统正常工作。

所有在可编程控制器系统中的硬件的额定运行温度为 −10~+60 ℃，额定存储温度为 −40~+85℃，因此可在无风扇或空调的条件下运行。硬件连续运行的湿度条件为相对湿度 5%~95%，且无结露现象发生。

S7-400H 系列 PLC 为基于标准的一种容错（冗余）的 PLC，采用双机热备的硬件冗余机制，从而避免生产的停机危险。CPU 通过光纤连接，并通过冗余的 PROFIBUS-DP 线路对冗余的 I/O 进行控制。在发生错误时，将会出现一个无扰动的控制传输，即未受影响的热备设备将在中断处继续执行而不丢失任何信息。

系统中所有模块采用接插式，便于更换。机柜内提供各种型式 I/O 的 15% 做备用，同时在插槽上还留有扩充 10%I/O 的槽位余地。

CPU 设置足够容量的存贮器，考虑至少 20% 的备用量，待将来系统扩充时使用。

S7-400H 系统的冗余结构确保了任何时候的系统可靠性，所有的重要部件均冗余配置，包括冗余的 CPU、供电模块和用于冗余 CPU 通讯的信息同步模块。

8.6.2.3.3 人机界面

基于 Windows CE6.0 操作系统的上位机能满足复杂应用的高性能要求，如图 8-6、8-7 所示，设有两台，安装于阀内冷冗余控制柜上。

其经过编程可实现以下功能：

主画面显示换流阀冷却系统工艺流程简图及 PLC 站工作状态；

主画面显示换流阀冷却系统运行状态；

图 8-6　KP1200 人机界面

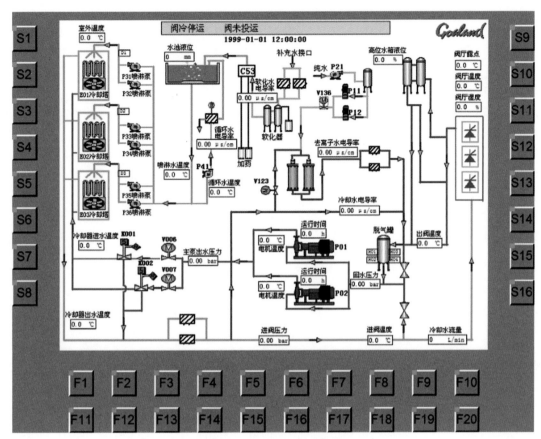

图 8-7　KP1200 运行屏幕

主画面显示换流阀投运状态；

主画面在线显示压力、流量、温度、水位和电导率等参数；

报警时显示当前报警信息条，如水温过高等，同时保存故障历史记录；

主泵切换人工复位；

主泵通过画面中指定按键进行手动切换；

阀冷准备就绪状态监视；

泄漏屏蔽及复位泄漏屏蔽；

主泵 168 小时轮换重新计时；

换流阀内冷却水系统自动启动 / 停止；

手动调试电动球阀及电磁阀；

参数设定及密码保护；

帮助画面显示主泵运行时间、流量压力曲线、机电设备累积运行时间等。

8.6.2.3.4　软起动器

主循环泵选用软起动器进行降压启动，同时设工频回路。软起回路用于主循环泵起动，起动完成后切换到工频运行。通过软起动器控制主循环泵的启动，使电机起动电压以恒定的斜率平稳上升，起动电流小，减小主循环水泵对站用电的冲击，减小对阀冷系统管路和主循环主泵的机械冲击，并且起动电压上升斜率可调，保证了起动过程的平滑性。由于起始电压较小，有效地限制了起动电流。

软起动器选用国际知名品牌 ABB 产品，产品具有以下优点：

集成多种保护，包含电子过载继电器、相监测继电器、大电流和 PTC 保护，先进的晶闸管保护；

采用通用的总线通讯系统，包含通用的总线适配器；

采用可编程信号继电器，可预设报警信号、故障和其他事项。

8.6.2.3.5 供配电元器件

断路器、接触器等主要元器件采用施耐德或 ABB 高性能系列产品，接线端子采用菲尼克斯公司产品。选择的产品可在 45℃、相对湿度 95% 的湿热环境下可靠工作。

8.6.2.3.6 主要仪表配置

1. 仪表冗余方案

为确保系统安全稳定工作，防止由于阀冷系统仪表故障导致晶闸管阀停运，对阀冷系统的进/出阀温度、冷却水电导率、冷却水流量等重要参数监测均设冗余仪表，互为备用。

冗余仪表中任意一只仪表显示值超过预警限值时立即发出报警，提醒运行人员及时处理；冗余仪表中两只仪表示值均超过预警限值时发二级报警，提醒运行人员报警重要程度。

2. 仪表工作方式及详细配置说明

阀冷系统仪表分为 3 类：现场指示、开关量信号、4~20mA 线性信号。通过 PLC 连接和反馈，实现监视、控制、报警及保护功能。

PLC 接收并直接处理现场开关量信号。

PLC 接收现场变送器 4~20mA 信号并显示其线值参数值。如 PLC 接收到现场变送器的超量程读数，将发出"传感器故障"报警信号。

所有变送器均符合 EMC 标准。

阀冷系统所有的传感器（流量变送器除外）、主泵、喷淋泵均能在线更换，即不停阀冷系统在线更换故障元件。

8.6.3 远程通讯配置

换流阀冷却水系统对实时性要求较高的远程控制信号和换流阀冷却水系统报警信号，通过开关量接点与换流阀直流控制保护系统进行通讯；对信息量较大的在线参数、设备状态信息及换流阀冷却水系统报警报文，通过 2 路 Profibus 总线与上位机进行通讯。具体配置有如下特点：

（1）两套阀冷却控制保护系统与直流控制保护系统之间的硬接点或总线传输回路冗余配置，预警和跳闸信号分别上送至两套直流控制保护系统,控制和状态信号分别下发至两套阀冷却控制保护系统。

（2）阀水冷保护跳闸回路不经单一继电器或单一板卡出口,而在每套系统的两路跳闸输出均满足时,由极控制保护系统的有效系统出口跳闸;出口跳闸回路配置硬压板。

（3）跳闸信号不宜采用继电器的常闭接点输出,因功能需要必须使用继电器常闭接点时,则将每套系统的两路输出对应继电器的跳闸接点串联后,经压板输出至直流控制保护系统,且对单个继电器接点动作进行监视。

（4）阀冷却控制保护系统与直流控制保护系统的接口中不使用单一公用元件,避免单一元件、回路故障导致直流闭锁。

（5）控制系统留有满足上层网络要求的通讯接口的软、硬件,满足业主所需的软件和硬件要求。依据控制和保护功能需要,确保向 HVDC 控制系统上传必要的监视信号,及接收 HVDC 控制系统对阀冷系统的控制命令。模拟信号电流范围为 4~20mA,开关信号接口为 220V 直流干接点。

8.6.4 抗电磁干扰措施

阀冷系统在大功率电力电子设备环境中连续运行,其控制系统的抗电磁干扰性是关系到阀冷甚至整个换流阀能否正常稳定运行的关键,因此采用了如下抗干扰标准或措施:

（1）供电电源回路、采集回路和控制回路能承受快速瞬变干扰的严酷等级为 3 级。

（2）回路设计、接地设计、滤波设计、盘柜设计、电缆选择等符合基本 EMC 措施。

（3）控制与动力回路元器件分别装置在两个相邻但空间隔离的电控柜。

（4）控制回路和动力回路电缆严格分开布置。

（5）所有信号回路均采用屏蔽电缆,屏蔽层单端接地。在接地系统上对安全地、信号地、硬件地和屏蔽地分别优化,采取合适的接地方案和措施。

根据 GB/T 17799.2—2003《电磁兼容通用标准工业环境中的抗扰度试验》和 GB 17799.4—2001《电磁兼容通用标准工业环境中的发射标准》的要求,设备交付前完成了表 8-6 的试验项目。

表 8-6 阀冷控制系统的电磁兼容试验项目

序号	试验项目
1	静电放电抗扰度试验等级
2	射频辐射电磁场抗扰度试验等级
3	电快速瞬变脉冲群抗扰度试验等级
4	浪涌抗扰度试验等级
5	射频场感应的传导骚扰抗扰度试验等级
6	工频磁场抗扰度试验等级

8.7 监控和保护设计

换流阀冷却系统的控制和保护应确保在各种条件下冷却系统能安全、正确、可靠地运行，能够准确检测冷却系统的各种故障，并正确产生报警或跳闸信号。冷却系统的控制和保护应采用完全双重化的设计，具有完善的自检功能。

8.7.1 控制与保护逻辑

8.7.1.1 内冷却回路主泵

（1）主循环泵采用一用一备的配置方式，互为备用，正常工作时，其流量是恒定不变的。

（2）通常情况下，即使阀体退出运行，主循环泵也不切除，换流阀冷却系统保持运行，除非产生泄漏或膨胀罐液位超低等请求停水冷的报警。

（3）当系统检测到循环冷却水主泵出水压力低发出报警信号时，切换至备用泵运行。

（4）当系统检测到工作泵过载时，切换至备用泵运行。

（5）当系统检测到工作泵过热时，切换至备用泵运行。

（6）当系统检测到动力电源故障时，切换至备用泵运行。

（7）主泵切换后，仍然有压力低、主泵过热报警，不再切换。

（8）当系统检测到两台主泵同时故障，同时有进阀压力低或冷却水流量低时，发出跳闸信号。

（9）工作泵连续运行168h，自动切换至备用泵运行，当工作泵切换失败时，具备回切功能，回切逻辑见图8-8。

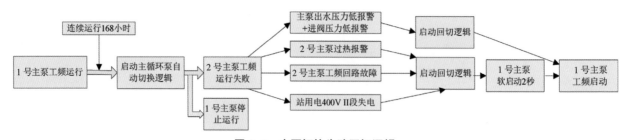

图 8-8　主泵切换失败回切逻辑

手动操作模式下，可通过面板按键手动切换工作泵与备用泵。

8.7.1.2 补水泵和原水泵

（1）补水泵采用一用一备的配置方式，互为备用。

（2）手动补水方式：在手动模式与自动模式下均能通过控制柜面板按钮启停补水泵。手动补水时，两台补水泵可同时启动。

（3）自动补水方式：自动运行中补水泵能根据膨胀罐液位自动补水。

（4）不论是手动补水还是自动补水，原水罐发液位低报警时均强制停补水泵，防止将大量空气吸入换流阀冷系统。

（5）补水泵或原水泵启动时，原水罐电磁阀开启。

（6）原水泵只有手动启动功能，设置高液位强制停泵功能。

8.7.1.3　温度控制

冷却系统的水温控制是由冷却塔上不同频率的冷却风扇和电加热器共同完成的。

换流阀运行时要求冷却水进阀温度基本稳定，严禁冷却水进阀温度骤升骤降，所以要求水冷装置可以随时调节因换流阀损耗而引起的冷却容量的变化，即让冷却水进阀温度稳定在设定范围内。

温度控制方式分低温段、高温段，主要通过加热器、风机等进行控制。

（1）低温段：冬天室外环境温度极低，换流阀低负荷运行，冷却水进阀温度处于低温段，如温度低至设定值，则启动电加热器，防止沿程管路及被冷却器件的损伤；或冷却水进阀温度下降至接近露点时，启动电热加器，防止晶闸管散热器或管路表面结露，影响绝缘。

（2）高温段：夏天室外环境温度较高，换流阀满负荷运行时，冷却水进阀温度处于高温段，此时的温度控制由外冷实现。

8.7.1.3.1　电加热器控制

（1）当冬天室外环境温度极低而换流阀又处于低负荷运行时，电加热器将启动以避免冷却水进阀温度过低。

（2）冷却水进阀温度≤15℃时，2台电加热器启动；冷却水进阀温度≥17℃时，该2台电加热器 H03 和 H04 停止。

（3）冷却水进阀温度≤14℃时，另2台电加热器启动；冷却水进阀温度≥16℃时，该2台电加热器停止。

（4）冷却水进阀温度接近阀厅露点时，4台电加热器强制启动。

（5）电加热器的启动与主泵运行及冷却水流量超低值互锁。

（6）电加热器故障，发出报警信号。

（7）加热失败，发出"电加热失败"报警信息。

8.7.1.3.2　室外风机控制

换热设备控制系统负责冷却风机的自动启停控制及温度调节逻辑，如图 8-9 所示，对风机的转速进行 PID 计算后，通过变频器实现风机转速的控制。

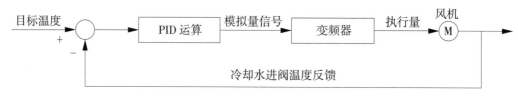

图8-9 冷却水进阀温度控制原理框图

1.风机的自动启停逻辑

风机的启动通过设定目标温度来控制，目标温度可在换热设备控制系统人机界面设定，当冷却水进阀温度高于目标温度时，风机全部启动，转速经 PID 运算确定。

当风机频率降至最低运行频率后，如冷却水进阀温度仍然低于设定目标温度，风机以最低频率继续运行 20s 后全部停止运行。

2.风机的转速控制

控制器根据当前冷却水进阀温度与目标温度间的偏差，进行 PID 运算，输出一模拟量信号给变频器，变频器根据此信号的增大 / 减小来升频 / 降频，控制风机转速，从而改变系统散热量，使冷却水进阀温度逐渐逼近目标温度并最终稳定在目标温度附近。

通过以上控制，能有效防止进阀温度的骤升骤降，保证温度波动在每分钟 2℃以内。

8.7.1.4 漏水保护逻辑

（1）换流阀冷却水系统泄漏时发出跳闸信号。

（2）换流阀冷却水系统渗漏时发出预警。

（3）补水泵在设定时间内连续启动 N 次，发出渗漏报警。

（4）泄漏报警须排除温度变化导致的液位变化的影响。

8.7.1.5 膨胀罐水位保护

（1）膨胀罐水位保护设报警和跳闸功能。

（2）膨胀罐液位测量值低于 30% 时发报警，低于 10% 时发直流闭锁命令。

（3）膨胀罐装设的两套电容式液位传感器和一套磁翻板式液位传感器采用三取二原则出口。

注：在阀内冷水系统手动补水、排水期间，退出漏水保护，防止保护误动。

8.7.1.6 流量保护

（1）冷却水流量传感器设计采用"三取二"方式保护出口。

（2）主水流量传感器设计 2 台，其中一个带双传感器、双变送器；进阀压力保护设置两个传感器，根据流量与压力之间关系建立保护逻辑。

（3）主流量跳闸的保护值与进阀压力低信号或进阀压力高信号互锁。

8.7.1.7 电导率保护

电导率保护设高值报警及超高值跳闸功能。

8.7.1.8 仪表冗余及故障

（1）PLC接收各在线变送器信号并显示其在线值。

（2）对于流量、温度、压力、电导率变送器及其冗余，PLC判断两路输入并选择不利值上传。

（3）PLC接收处理温度变送器信号并根据设定的温度上下限，输出低温预警、高温预警和超低、超高温跳闸信号。

（4）PLC接收并处理有关其他变送器信号，并根据设定限值输出预警及跳闸信号。

（5）冗余仪表中任意一只仪表显示值超过预警限值时，即发预警信号，提醒运行人员及时处理；冗余仪表中两只仪表示值均超过跳闸限值时，才发跳闸信号，防止误动。

（6）仪表故障逻辑：变送器超过量程，发出报警信号；变送器故障，发出报警信号，报警信息详见仪表故障信息表；故障仪表恢复正常后，相关冗余和控制功能恢复正常。

（7）任一变送器故障时，各操作面板上均显示具体变送器故障报警信息，并发出预警信号，同时向主控上传具体变送器报文。

（8）作用于跳闸的内冷水进阀温度传感器和膨胀罐液位传感器应按照三套独立冗余配置，每个系统的内冷水保护对传感器采集量按照"三取二"原则出口；当一套传感器故障时，出口采用"二取二"逻辑；当两套传感器故障时，出口采用"一取一"逻辑；当三套传感器故障时，应发闭锁直流指令。

（9）阀冷系统仪表示值超差的比例值在操作面板上可设置。

8.7.1.9 喷淋泵控制

在设定的供水温度范围下，喷淋泵强制启动，即使当室外气温较低，风机停运后，喷淋泵仍单独运行，这有利于保持冷却水温度的稳定，可防止冬天管道系统结冻。

为防止喷淋水池水位测量系统故障等原因误停喷淋泵及风机，引起内冷水温度升高跳闸，喷淋水池水位低仅发告警信号；同时加装喷淋泵及风机的手动启动功能。

当前工作泵发生故障时，自动切换至备用水泵。运行与备用水泵之间周期性轮换（时间可调）。

当前工作泵压力低于设定值时，自动切换至备用水泵。

8.7.1.10 潜水排污泵控制

在阀冷设备间的喷淋泵积水坑内设置水位计及潜水排污泵，并设置水位报警系统。当积水坑水位高于一定值时，自动发报警并自动启动潜水泵。工作泵事故时，备用泵自动投入运行，同时发送信号到控制系统（工作泵和备用泵不但可以自动控制还可以手动强制投入）。当积水坑内水位低于一定值时，自动停泵。

室外地下水池潜水泵为就地手动控制，需要启动时进行手动操作。

8.7.1.11 电源控制

（1）阀冷系统检测到工作动力电源故障，则立即切换至备用电源。

（2）任一路直流电源掉电，系统控制回路供电无扰动。

（3）直流控制电源全部掉电时，发出阀冷控制系统故障（停运直流系统）信号。

8.7.1.12 PLC 站控制

（1）双 PLC 站同时采样，同时工作；

（2）如果工作中的 PLC 站发生故障，则切换至另一站。

（3）双 PLC 站均故障时，发出阀冷控制系统故障（停运直流系统）信号。

8.7.1.13 密码

（1）进入参数设定页面需要密码。

（2）"换流阀冷系统准备就绪"及"复位阀冷就绪"按键均设密码，防止误操作。

（3）"泄漏屏蔽"和"复位泄漏屏蔽"按键均设密码，防止误操作。

8.7.1.14 开机通行逻辑

只有确认换流阀冷系统运行稳定，完全准备就绪后，换流阀才允许投入运行。

阀冷系统自动启动后，PLC 自动检测电源、设备、变送器运行状态及系统参数，如没有任何报警信号，延时 8 秒后，向上位机发出"阀冷系统准备就绪"通行信号指令，如无此信号，换流阀无法投入。

8.7.1.15 请求停阀冷逻辑

换流阀冷系统存在以下 5 条故障之一时，向上位机发送请求停阀冷信号，此时阀冷系统输出跳闸信号至上位机：

（1）膨胀罐液位超低；

（2）冷却水流量超低与进阀压力低；

（3）冷却水流量超低与进阀压力高；

（4）阀冷系统泄漏；

（5）进阀压力超低与冷却水流量低。

8.7.1.16 泄漏及渗漏

（1）换流阀冷系统泄漏时发出跳闸信号。

（2）换流阀冷系统渗漏时发出预警。

（3）补水泵连续启动 N 次，发出渗漏报警。

（4）泄漏报警排除温度变化导致液位变化的影响。

8.7.1.17　报警屏蔽

换流阀冷系统存在非关键的预警信号时，为保证能使换流阀紧急投运，操作面板上设置"阀冷系统准备就绪"和"复位阀冷就绪"按键。

水泵等在线检修后，为防止系统因水量减少产生的泄漏跳闸，在操作面板上设置"泄漏屏蔽"和"泄漏屏蔽解除"按键。

8.7.1.18　远程通讯

总线信息的上位机只接收和显示状态信息，不用于换流阀的保护控制。

换流阀的保护控制根据开关量节点的信息。开关量节点为常闭节点，高电平有效，低电平无效。

模拟量信号以 4~20mA 的流形式上传。

表 8-7~8-9 说明了各节点的信号内容和类型。

表 8-7　硬接点开关量报警信号

序号	信号内容	信号类型
1	阀冷系统报警	BOOL
2	阀冷系统准备就绪	BOOL
3	阀冷系统运行	BOOL
4	阀冷控制保护主用 / 备用信号	BOOL
5	功率回降	BOOL
6	阀冷失去冗余冷却能力	BOOL
7	总跳闸	BOOL

表 8-8　硬接点模拟量输出

序号	信号内容	信号类型
1	室外温度	4~20mA 电流
2	阀厅温度	4~20mA 电流
3	冷却水出阀温度	4~20mA 电流
4	冷却水进阀温度	4~20mA 电流

表 8-9　硬接点开关量控制信号

序号	信号内容	信号类型
1	切换至 1 号主泵运行	BOOL
2	切换至 2 号主泵运行	BOOL

续表

序号	信号内容	信号类型
3	切换至 1 号喷淋泵运行	BOOL
4	切换至 2 号喷淋泵运行	BOOL
5	切换至 3 号喷淋泵运行	BOOL
6	切换至 4 号喷淋泵运行	BOOL
7	切换至 5 号喷淋泵运行	BOOL
8	切换至 6 号喷淋泵运行	BOOL
9	外冷风机强制全速运行	BOOL
10	换流变已充电	BOOL
11	换流变未充电	BOOL
12	远方强制控制工业水泵 （1= 强制启动工业水泵，0= 取消强制启动）	BOOL

阀冷系统将各在线参数如温度、压力、流量、电导率、液位等，以模拟量形式上传至上位机。

8.7.2 操作模式

8.7.2.1 手动模式

在手动操作模式下，主循环泵、补水泵、电加热器（主泵运行时）能通过控制柜面板进行手动操作。电磁阀能在控制面板上操作。

注：电加热器只能在主循环泵运行的条件下才能启动。

8.7.2.2 自动模式

自动操作模式下，阀冷系统既可以接受就地启停指令，也可接受上位机远程启停水冷指令和控制室触摸屏控制指令。远程启停指令优先，通过控制室触摸屏下发，即上位机通过远程启停指令可接管对阀冷系统的控制，远程启动水冷后就地停水冷命令失效。

自动启动后，水冷控制系统根据控制室触摸屏整定参数，监控阀冷系统的运行状况并检测系统故障。PLC 自动控制冷却水温，对流量、压力、电导率、水位、漏水等进行检测，对阀冷系统参数的超标及时发出报警或跳闸警报。自动运行模式下，主循环泵、冷却塔、冷却塔喷淋水泵、电加热器、自动补水泵等由 PLC 根据实际工作条件进行自动控制。此时各设备控制柜面板按钮手动操作无效。

每台主循环泵、喷淋泵等单元设备有各自独立的自动、手动选择模式，在人机界面实现。

第⑨章　暖通系统

9.1　概述

9.1.1　制冷原理

制冷剂通过压缩机后为高压气体，排入冷凝器后因热力学原理和工质特性而易于向大气散热、变为液体；再通过过滤器等辅助设备进入节流装置，减压后进入蒸发器，这时同样因为热力学原理和工质特性而易于向制冷环境吸热、变成气体。如此完成一个循环。

9.1.2　机组的构成

机组的制冷系统的主要组成部件有压缩机、冷凝器、节流阀、蒸发器等；其他辅助部件有储液器、电磁阀、干燥过滤器、四通换向阀、气液分离器等。制冷系统加上通风系统、加热加湿及空气过滤器等设备而组成的一套空气处理机。

9.1.2.1　制冷回路常用部件

压缩机：蒸气压缩式制冷装置中的重要组件，通常称作制冷主机，其功用是输送和压缩制冷剂蒸气，由电动机驱动进行工作。

截止阀：起通断管路的作用，分为直通式和直角式两种。

四通阀：即四通换向阀，是热泵系统中不可缺少的部件。

9.1.2.2　自动控制部件

制冷装置的自动控制主要是流量控制、压力控制、温度控制三个方面。

流量控制是控制制冷剂的流量、冷却系统的冷却水量或风量。所采用的控制器阀件有节流阀（如热力膨胀阀、毛细管）、电磁阀、水量调节阀等。

压力控制是控制系统的工作压力，保证装置安全运行或正常起动、停车。主要的压力控制器、阀件有高压及低压控制器、油压控制器、蒸发压力调节阀、冷凝压力调节阀等。

温度控制是控制系统的工作温度及冷库、空调环境温度，并通过温度控制器，调节制冷装置的运行和制冷能量的合理供给。

9.1.2.3　辅助设备

气液分离器：制冷系统中的气液分离器装设在压缩机回气端，其作用是使回气中的润滑油和液体制冷剂与回气分离，防止压缩机内产生"液击"。气液分离器的工作原理是重力分离，通过气流速度方向的改变实现气液分离。

分油器：装在压缩机排出端与冷凝器之间，其作用是将制冷剂蒸气中混入的润滑油分离出来，送回压缩机，以免过多的润滑油进入冷凝器和系统，阻塞管道和影响换热。

视液镜：主要用在压缩机曲轴箱、供液管路、储液器等部位，以显示制冷系统供液、供油的情况。

过滤器：用于清除制冷剂中的机械杂质。

干燥器：装在液体管路上，用于吸附制冷剂中的水分。

储液器：分高压和低压储液器（仅在大型氨制冷装置中使用）。高压储液器用于存储由冷凝器来的液体制冷剂，以适应工况变化时制冷系统中所需制冷量的变化，并减少补充制冷剂的次数。

9.2　零配件

9.2.1　压缩机

压缩机的内部结构如图 9-1 所示。

图 9-1　压缩机的内部结构

9.2.1.1　压缩机的载荷状态

1. 起动状态（25% 或 33% 负载）

压缩机在起动时，为减小起动电流，降低对电网的冲击，须采用卸载起动方式。起动后最低负载运转时间必须持续 30 秒以上，待系统高、低压力差建立后再逐级加载。

2. 100% 全负载运转

压缩机起动完成，油直接进入油压缸内推动容调活塞向前，容调活塞带动容调滑块，旁通空间逐渐减小，直到容调滑块完全推到底，此时压缩机全负载 100% 运转。在 100% 负载时压缩机容调电磁阀均不受电。

3. 75% 或 66% 负载运转

当系统设定之温度开关作动，信号传送至电磁阀，旁通打开，容调活塞即因油路旁通后退到旁通口位置，带动滑块在相应位置，使有效压缩容积减小，达到压缩机以 75% 或 66% 负载运转。

4. 50% 负载运转

与 75% 负载运转原理类似。

9.2.1.2　润滑系统

螺杆式制冷压缩机的润滑系统为独特的内建式油压系统（无须油泵），压缩机的正常运行需要通过润滑油建立油膜进行动态密封和轴承润滑。润滑油的循环是由排气压力及吸气压力的差所推动的。润滑油贮存在压缩机的油分离器和机壳油槽内，油分装置可以使压缩过程所排出的油气混合物经过消音、折流、拦截、离心力作用后，其中的润滑油与制冷剂分离；润滑油回流集中后进入压缩机的油槽内，经过一个高效的精密过滤器，过滤出润滑油中的杂质及污染物，再经由特殊设计的内建油路，到达所需要的孔口、容调系统及轴承。

润滑油的作用：

（1）在螺杆与压缩室以及阴阳螺杆间形成动态密封，减少制冷剂在压缩过程中由高压侧向低压侧的泄漏。

（2）油被喷入压缩机内，吸收制冷剂气体在压缩过程中产生的热量，降低排气温度。

（3）在轴承内形成油膜用以支撑转子，并起润滑作用。

（4）传递压力，驱动容量调节机构，经由压缩机的加卸载电磁阀的动作，调节容调滑块的位置，实现压缩机容量调节。

（5）降低运转噪音。

9.2.2　热力膨胀阀

膨胀阀又称节流阀，是利用节流降压原理进行工作，通过调节进入蒸发器的制冷剂流量，保证蒸发器有一定的蒸发压力及相对应的蒸发温度，从而连续不断地与外部介质交换热量，并保证离开蒸发器的低压蒸气具有一定的过热度，防止压缩机的湿压缩。

9.2.3 干燥过滤器

从液态制冷剂中除去水分和固体杂质，保证制冷系统的正常运行。制冷剂中有水分会引起润滑油酸化和冰堵。

干燥过滤器中，干燥剂（硅胶、分子筛和活性氧化铝的混合物）和滤芯组合在一个壳体内。干燥过滤器一般安装在冷凝器与热力膨胀阀之间的管路上。

9.2.4 视液镜

视液镜的外观和结构如图 9-2 所示。它被安装在干燥过滤器后、热力膨胀阀前的管路上，用来观察制冷剂液体在管路中流动的状态并通过其颜色反映系统中水分的情况。如果回路是干燥的则显示绿色，否则显示黄色，要得到精确的显示，设备必须先运行几分钟。

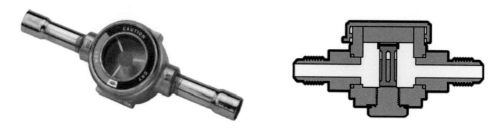

图 9-2 视液镜的外观和结构

视镜可显示系统含水程度和机组运行情况、制冷剂充注量。如果系统制冷剂充注不足，视镜里会有气泡出现。

9.2.5 高、低压保护器

高压保护器：由于压缩机没有内置压力释放阀，为了防止由于缺水、欠风等原因产生高压过高的情况，保护压缩机，所以在系统中有高压保护器。高压控制器必须具有人工复位的结构，以保证具有最高程度的保护。

低压保护器：为实现对制冷剂泄漏的保护，需使用低压保护器。安装在压缩机吸气管路中的低压控制器能提供附加的保护作用，可应对的情况有：热力膨胀阀打不开；供热时室外风机损坏；液管或吸气维修阀关闭；液管过滤器、孔板或热力膨胀阀阻塞。所有这些情况都会使进入压缩机的制冷剂流量严重短缺而引起压缩机损坏。低压控制器应具有人工复位的结构，以保证具有最高程度的保护。

在结构形式上，保护器有高、低压单体和联体两种；在复位方式上，有自动复位和手动复位之分。

9.2.6 水流量开关

F61 系列水流量开关应用于空调水系统中，防止缺水或水流量不足。标准型水流量开关可在流体压力达 150psi（1034kPa）的环境中应用。

9.3 制冷设备的正常运行工况

9.3.1 水冷冷水机组

9.3.1.1 机组正常运行范围

机组运行时，制冷剂高压在 13~16kgf/cm² 范围，低压在 3.5~6kgf/cm² 范围。

排气温度应高于冷凝温度 25~30℃，吸气过热度在 5~10℃范围。

9.3.1.2 电源要求

运转时电压应在额定电压 ±10% 范围内，电压的相间不平衡量应在 2% 以内。

9.3.1.3 运行工况要求

冷却水进口水温范围 15.5~33℃，冷冻水出口水温范围 5~15℃。

9.3.1.4 水压要求

冷冻水侧耐压 0.5MPa，冷却水侧耐压 0.5MPa。

9.3.1.5 水质要求

冷却水水质必须符合国家冷却水水质标准，否则会由于冷凝器传热管内壁产生污垢、污泥、苔藓等杂物而造成高压偏高甚至高压跳停，或者因水质的腐蚀性而造成传热管腐蚀穿孔、系统进水。

同理，冷冻水水质必须符合国家冷却水水质标准，否则由于蒸发器传热管产生污垢、污泥、苔藓等杂物而造成低压偏低甚至低压跳停，或者因水质的腐蚀性而造成传热管腐蚀穿孔、系统进水。

9.3.1.6 水流速、流量要求

通过冷凝器的水流速不应大于 2m/s，过高流速会引起"冲蚀"。在容易出现过度紊流处，高速流动的水会冲刷掉管子内壁的氧化层而引起管子的连续腐蚀，这就是冲蚀。冲蚀可能起源于微小的缺陷，但会由于凹坑的增长而逐步变坏，降低冷凝器的使用寿命。

水流量不应过低，为此水系统装有水流开关，当冷却水流量低于 85% 额定值时，水流开关动作，以保护空调机。

9.3.1.7 冷冻水容量要求

为避免因为水量太小而造成压缩机频繁起动，建议水系统要有足够的水容量，否则用户应在水系统中加设贮水池。

9.3.1.8 压缩机起动／停止间隔

每小时起动／停止次数小于 6。

9.3.2　风冷冷水机组

9.3.2.1　机组正常运行范围

机组运行时，制冷剂高压在 13~21kgf/cm² 范围，低压在 3.5~6kgf/cm² 范围。

排气温度应高于冷凝温度 25~30℃，吸气过热度在 5~10℃范围。

9.3.2.2　电源要求

运转时电压应在额定电压 ±10% 范围内，电压的相间不平衡量应在 2% 以内。

9.3.2.3　运行工况要求

制冷时，进风温度范围 18~43℃，出水温度范围 5~15℃。

9.3.2.4　水压要求

水侧耐压 1.0MPa。

9.3.2.5　室外空气质量要求

室外空气应该清洁，无灰尘、纤维等杂物，无腐蚀性气体，以免堵塞翅片，或者腐蚀换热器。

9.3.2.6　水质要求

冷冻水水质必须符合国家冷却水水质标准，否则由于蒸发器传热管产生污垢、污泥、苔藓等杂物而造成低压偏低甚至低压跳停，或者因水质的腐蚀性而造成传热管腐蚀穿孔、系统进水。

9.3.2.7　水流量要求

水系统应装水流开关，要求冷却水流量低于 85% 机组额定流量时，水流开关动作，以保护空调机。

9.3.2.8　冷冻水容量要求

为避免因为水量太小而造成压缩机频繁起动，建议水系统要有足够的水容量，否则用户应在水系统中加设贮水池。

9.3.2.9　压缩机起动 / 停止间隔

每小时起动 / 停止次数小于 6。

9.4　维护与检修

9.4.1　月度维护保养

各机组的月度维护保养工作见表 9-1~9-4。

表 9-1　风冷螺杆式热泵机组月度维护保养工作

项目	检查 / 维护工作内容	维护周期
		月度
常规检测	检查机组整体外观	
	测量环境工况数据，包括环境干湿球温度、湿度等，并作记录	
	检测机组整体工作情况，包括工作电压、工作电流，并作记录	
	检测机组系统高低压压力、水系统进出水温度等，并作记录	
压缩机	测量压缩机工作电压、工作电流，确保工作电压稳定	
换热器	测量冷凝器的工作压力和温度参数，分析换热效果	
冷冻水循环系统	检测冷冻水循环水泵电机运行状况，包括运行电流与运转温升	
	检查自动补水定压系统运行状况，补水泵是否正常	
	检查水路管道中各阀门的运行情况，对于有故障或安全隐患的阀门及时进行修复或更换	
	检查水路管道各连接处的密封性，确保无渗漏现象	
	检查水路管道中温度计、压力计是否显示正常，如失效则须更换	
制冷系统其他部分	通过视镜观察系统制冷循环，根据需要补充制冷剂	
	检修机组泄漏情况，对各焊点、焊缝进行泄漏排查，消除隐患	
轴流风机部件	检测电机运转电流	
	检查风机电机紧固情况，及时拧紧固定件	
电气系统	检查电子元件和电源线路，更换老化的部件	
整体结构	检查机体内、外各零部件的紧固情况，并加以紧固	

表 9-2　组合式空气处理机组月度维护保养工作

项目		检查 / 维护工作内容	维护周期
			月度
常规检测		记录环境工况数据，包括室内外干球温度、湿球温度等	
		测量机组送风温度、送风风速、送风噪音等，并作相关记录	
换热器		清洗机组过滤网	
送、回风系统	电机	测量电机工作电压、工作电流	
电加热功能段		检查电热管使用情况，若损坏则更换	
过滤功能段		检查初效、中效过滤器的脏堵情况，必要时进行清洗或更换	
电气系统		排查线路，发现安全隐患后及时处理	

表 9-3 多联空调机组月度维护保养工作

项目		检查 / 维护工作内容	维护周期
			月度
常规检测		测量环境工况数据，包括环境干湿球温度、湿度、噪音等，并作相关记录	
		检测机组整体工作情况，包括工作电压、工作电流，并作相关记录	
		检测机组系统高低压压力并作相关记录	
制冷系统	压缩机	测量压缩机工作电压、工作电流	
	换热器	冷凝器除尘，根据需要及时进行清洁，确保换热效果	
	其他部件	通过视镜观察系统制冷循环，根据需要补充制冷剂	
室外风机部件		检查风机电机紧固情况，及时拧紧固定件，避免振动产生噪音	
过滤装置		检查过滤器的脏堵情况，必要时进行清洗或更换	
电气系统		排查线路，发现安全隐患后及时处理	
整体结构		检查机体内、外各零部件的紧固情况	

表 9-4 分体壁挂式 / 柜式空调机月度维护保养工作

项目		维护保养工作内容	维护周期
			月度
常规检测		测量室内干球温度、湿球温度，记录环境工况数据	
		测量机组送风温度与送风风速，并作记录	
风系统	风机	检查风机运转情况	
	空气滤网	检查空气滤网脏堵情况，及时清洗	
蒸发器部件		检查换热铜管保温层有无破损或渗漏，及时进行防护或修复	
电控系统		校对集控器、线控器显示数据的精度和设定值	
机体结构		确认排水情况和排水能力	

9.4.2 年度集中检修

各种空调机组的年度维护保养工作见表 9-5~9-11。

表 9-5 风冷螺杆式热泵机组年度维护保养工作

项目	检查 / 维护工作内容	维护周期
		年度
常规检测	检查机组整体外观	
	测量环境工况数据，包括环境干球、湿球的温度、湿度等，并作相关记录	
	检测机组整体工作情况，包括工作电压、工作电流，并作相关记录	
	检测机组系统高低压压力、水系统进出水温度等，并作相关记录	

续表

项目	检查 / 维护工作内容	维护周期 年度
压缩机	测量压缩机工作电压、工作电流，确保工作电压稳定	
	检查压缩机连接线是否牢固稳固	
	检测压缩机工作噪音，分析工作性能	
	更换压缩机润滑油	
	检测压缩机电源端子、各接触器及热继电器端子	
	测量绝缘电阻值	
换热器	测量冷凝器工作压力和温度参数，分析换热效果	
	检查翅片式冷凝器，根据需要及时进行清洁除尘，确保换热效果	
	检查机组壳管式蒸发器情况，必要时进行清洗	
制冷系统 其他部分	检测热力膨胀阀的温度参数，分析节流效果	
	通过视镜观察系统制冷循环，根据需要补充制冷剂	
	检查安全阀及管路，对管路加氮气查漏，若有泄漏则对机组抽真空、除湿	
	查看管路振动情况，对安全隐患及时进行处理	
	检查机组泄漏情况，对各焊点、焊缝进行泄漏排查，消除隐患	
轴流风机部件	检查轴流风机转动情况，必要时调整平衡度	
	检测电机运转电流	
	检查电机转动情况，若电机轴承有异常应更换	
	检查风机电机紧固情况，及时拧紧固定件	
电气系统	检查交流接触器、热继电器、微继电器动作情况	
	检查各传感装置感测灵敏度是否正常	
	排查线路，发现安全隐患后及时处理	
	紧固各接线端子，排除安全隐患	
	检查控制器，校正机组控制参数	
	检查电子元件和电源线路，更换老化的部件	
	校对各压力保护开关和控制阀体的设定值	
机体结构 清洗及维保	整体设备清洁，打扫电控柜，清除灰尘杂物	
	检查机体内、外各零部件的紧固情况，并加以紧固	
整机全面安全排查	着火隐患排查	
	触电隐患排查	
	漏水隐患排查	
	高空隐患排查	
整机调试	电控系统整体模拟调试	
	开机精准调试	

表 9-6 组合式空气处理机组年度维护保养工作

项目		检查 / 维护工作内容	维护周期
			年度
常规检测		记录环境工况数据，包括室内外干球温度、湿球温度等	
		测量机组送风的温度、风速、噪音等，并作相关记录	
换热器		测量表冷器进出水温度，分析换热效果	
		检查换热铜管有无破损或渗漏，及时进行防护或修复	
		清洗机组过滤网	
排水管		疏通排水管路，避免出现堵塞漏水现象	
		修补部分排水管路损坏的保温棉	
送、回风系统	电机	测量电机工作电压、工作电流	
		检查轴承磨损情况，损坏时应及时更换	
	风机	调校风机叶轮，检查运转轴承，更换磨损部件	
		调校传动装置的张紧度	
	传动装置	检查减震器的安装情况和使用情况，更换损坏件	
		检查传动辅件的使用情况，包括带轮、锥套、皮带等	
电加热功能段		检查电热管使用情况，损坏时更换	
过滤功能段		检查初效、中效过滤器的脏堵情况，必要时进行清洗或更换	
电气系统		排查线路，发现安全隐患后及时处理	
机体结构清洁及维护		检查机体内、外各零部件的紧固情况	
		整体设备清洁	
整机全面安全排查		着火隐患排查	
		触电隐患排查	
		漏水隐患排查	
		高空隐患排查	
整机调试		电控系统整体模拟调试	
		开机精准调试	

表 9-7 多联空调机组年度维护保养工作

项目	检查 / 维护工作内容	维护周期
		年度
常规检测	测量环境工况数据，包括环境干球、湿球的温度、湿度、噪音等，并作相关记录	
	检测机组整体工作情况，包括工作电压、工作电流，并作相关记录	
	检测机组系统高低压压力并作相关记录	

续表

项目		检查 / 维护工作内容	维护周期
			年度
制冷系统	压缩机	测量压缩机工作电压、工作电流	
		检查压缩机连接线是否牢固稳固	
		检测压缩机工作噪音，分析工作性能	
	换热器	测量换热器工作压力和温度参数，分析换热效果	
		冷凝器除尘，根据需要及时进行清洁，确保换热效果	
	其他部件	检测节流装置的温度参数，分析节流效果	
		通过视镜观察系统制冷循环，根据需要补充制冷剂	
		查看管路振动情况，对安全隐患进行及时处理	
		对各焊点、焊缝进行泄漏排查，消除隐患	
室内风机部件		检查离心风机转动情况，必要时调整平衡度	
		检查风机电机紧固情况，及时拧紧固定件，避免振动产生噪音	
		检查风机网罩的脏堵情况，及时进行清洁	
室外风机部件		检查轴流风机转动情况，必要时调整平衡度	
		检查电机转动情况，判断电机轴承状态	
		检查风机电机紧固情况，及时拧紧固定件，避免振动产生噪音	
过滤装置		检查过滤器的脏堵情况，必要时进行清洗或更换	
电气系统		检查空气开关、交流接触器、热继电器、微继电器的动作情况，确保运行正常	
		检查各传感装置的感测灵敏度是否正常，及时修复或更换	
		排查线路，发现安全隐患后及时处理	
		检查电子元件和电源线路，更换老化的部件	
		校对各压力保护开关和控制阀体的设定值	
机体结构清洁及维护		检查机体内、外各零部件的紧固情况	
		整体设备清洁	
整机全面安全排查		着火隐患排查	
		触电隐患排查	
		漏水隐患排查	
		高空隐患排查	
整机调试		电控系统整体模拟调试	
		开机精准调试	

表 9-8　分体壁挂式 / 柜式空调机年度维护保养工作

项目		维护保养工作内容	执行周期
			年度
常规检测		测量室内干球温度、湿球温度，记录环境工况数据	
		测量机组送风温度与送风风速，并作记录	
风系统	电机	测量电机运行状况，包括运行电流与运转温升	
		检查电机轴承，及时修复或更换磨损件	
	风机	检查风机运转情况	
	空气滤网	检查空气滤网脏堵情况及时清洗	
蒸发器部件		测量温度参数，分析换热效果	
		检查换热铜管保温有无破损或渗漏，及时进行防护或修复	
电控系统		排查检测各类电子元气件，消除电气安全隐患	
		校对集控器、线控器显示数据的精度和设定值	
		检查并紧固各接线端子，确保无松动或接触不良现象	
机体结构		确认排水情况和排水能力	
整机全面安全排查		着火隐患排查	
		触电隐患排查	
		漏水隐患排查	
		高空隐患排查	
整机调试		电控系统整体模拟调试	
		开机精准调试	

表 9-9　冷冻水循环系统年度维护保养工作

项目	检查 / 维护工作内容	执行周期
		年度
循环水泵	检查泵体应无破损，铭牌完整，外观整洁，油漆完好	
	检查有无渗漏情况，若有漏水应立即进行维修	
	联轴器的连接螺丝和橡胶垫圈若有损坏应予更换	
	检查水泵转动灵活、无卡壳现象，泵轴与电机轴在同一中心线上	
	紧固机座螺丝并做防锈处理	
水泵电机	拆开电机接线盒内的导线连接片，用 500V 兆欧表摇测电机绕组相与相、相对地间的绝缘电阻值，应不低于 $0.5M\Omega$	
	电机接线盒内三相导线及连接片连接紧密牢靠，无发热变色迹象，标志清晰	
	检查电机轴承是否有磨损、噪音	

续表

项目	检查 / 维护工作内容	执行周期
		年度
水泵电机	检查电机散热风叶无破损、碰壳	
	检查电机外观无破损，铭牌完整，外观整洁，油漆完好	
	检查电机运行电流正常	
定压装置	检查缸体外观完整，铭牌完整，外观整洁，油漆完好	
	检查气囊正常	
	检查补水泵正常（参考循环水泵）	
	检查连接螺丝	
	检查定压装置控制柜控制正常	
	检查压力传感器	
	检查安全阀正常	
阀门、管道、附件	检查阀门开闭灵活，无卡阻现象，关闭严密、内外无漏水	
	检查单向阀动作灵活、无漏水	
	检查阀门传动机构无生锈、缺油	
	检查自动排气阀无漏水，排气正常	
	检查管道保温良好，无破损、漏水	
	检查水路管道各连接处的密封性，确保无渗漏现象	
	检查压力表指针灵活，指示准确，表盘清晰，位置便于观察，紧固良好，表阀及接头无渗水	
过滤装置	检测 Y 型过滤器无脏堵，滤网无破损	
	检查自动清洗过滤器控制正常	
	检查自动清洗过滤器外观无破损，铭牌完整，外观整洁，油漆完好	
	查看管路振动情况，对安全隐患进行及时处理	
	检修过滤器无漏水	

表 9-10　新风换气机年度维护保养工作

项目	检查 / 维护工作内容	执行周期
		年度
新风换气机	确保排风机与新风机外壳没有被堵塞	
	清洗空气过滤网	
	热交换器清洗	
	查看排水线、排水管，如有异物及时清理	

续表

项目	检查 / 维护工作内容	执行周期
		年度
新风换气机	清洗风机	
	检查机壳或进风口与叶轮是否摩擦	
	拆开电机接线盒内的导线连接片，用 500V 兆欧表摇测电机绕组相与相、相对地间的绝缘电阻值，不低于 0.5MΩ	
	电机接线盒内三相导线与连接片连接紧密牢靠，无发热变色迹象，标志清晰	
	检查电机运行电流正常	

表 9-11　轴流风机年度维护保养工作

项目	检查 / 维护工作内容	执行周期
		年度
轴流风机	清除风机内部的灰尘，特别是叶轮上的灰尘、污垢等杂质，以防止锈蚀和失衡	
	对轴承补充润滑油	
	检查风机轴与电机轴是否同心，联轴器是否装正	
	检查机壳与支架、轴承箱与支架、轴承箱盖与底座等的连接螺栓是否松动	
	检查轴承是否磨损	
	检查机壳或进风口与叶轮是否摩擦	
	拆开电机接线盒内的导线连接片，用 500V 兆欧表摇测电机绕组相与相、相对地间的绝缘电阻值，不低于 0.5MΩ	
	电机接线盒内三相导线与连接片的连接紧密牢靠，无发热变色迹象，标志清晰	
	检查电机运行电流正常	

9.4.3　常见故障与排除方法

见表 9-12、9-13。

表 9-12　空调机组整体常见故障与排除方法

故障		原　因	排 除 方 法
空调机不运转	送风机、压缩机均不工作	1.电源中断，线路故障，缺相，保险丝熔断 2.电压过低 3.开关失灵，触点断点 4.压力继电器动作，系统压力不正常 5.温控器工作不正常 6.送风压力不够 7.风压开关故障	1.检查是否停电，修复电路，更换保险丝 2.测试电压，查明原因 3.用万用表检查开关，若不导通，应更换新的 4.使压力恢复正常，手动复位 5.重新调整或检查触点，进行修复或更换 6.检查风机皮带松紧情况及过滤器堵塞情况 7.调整至正常，或检查更换
	室外风机不工作	1.电动机匝间短路 2.导线断路或短路 3.缺相 4.风扇卡住	1.用万用表检查绕组阻值，修复或更换 2.重新接线 3.检查电源，进行修复 4.修复或更换

续表

故障			原　因	排 除 方 法
空调机 不运转	压缩机 不运转		1. 开关故障，接触不良或松脱 2. 电动机故障，匝间短路 3. 超载引起保护器动作 4. 压力继电器故障 5. 线路故障或缺相 6. 压缩机机械故障	1. 修复或更换开关 2. 绕组检查阻值或绝缘，修复或更换压缩机 3. 用钳形表检查电流是否过大 4. 用万用表检查开关触点，修复或更换 5. 检查线路后修复 6. 修复或更换
空调机 启动后 不能连 续运行	制冷系统		1. 制冷剂不足或过量引起压力不正常 2. 制冷系统内混入空气，压力升高	1. 按规定充注制冷剂 2. 排空气
	冷凝 器	风冷	1. 冷凝器积灰太厚 2. 通风不良 3. 风扇卡住 4. 风扇电机烧毁	1. 清除 2. 去除出风口障碍物 3. 修复或更换 4. 更换
		水冷	1. 冷凝器管簇内沉淀水垢等杂质 2. 冷凝器入水温度太高或水量不够	1. 清洗冷凝器管簇 2. 调整水管阀门；检查冷却塔工作是否良好；检查水管中的过滤网
	开关及 续电器		1. 压力开关继电器等失灵 2. 起动断电器失灵 3. 热保护继电器动作	1. 检查后更换 2. 更换 3. 分析原因后修复
空调机 运转但 制冷量 不足	制冷系统		1. 制冷剂不足，或有泄漏 2. 制冷剂过多 3. 系统有堵塞	1. 检漏，补足制冷剂 2. 放出一些 3. 检查后清洗管路
	冷凝器		效率降低	风冷：清扫积灰，改善通风条件 水冷：清洗水垢
	膨胀阀		开度不够	开大流量
	热负荷		过大	查找原因，降低热负荷
	气流		风口处有阻碍	开大风阀，去除杂物
	温控		1. 感温包未扎紧 2. 感温包泄漏	1. 重新包扎 2. 更换
	温度调节		给定值太高	将温度调低
	过滤器		积灰太多，堵塞	清洗
空调机 噪声大	风扇		1. 叶片破损 2. 混入异物	1. 更换风扇 2. 去除异物
	螺钉		松动或脱落	紧固或补齐
	接触器		触点凹凸不平，接触不良	修复或更换
	安装		地脚不稳	重新安装
空调机 漏水	接水盘		积灰太多，排水孔堵塞	清洗接水盘，去除堵塞物
	排水管		堵塞	疏通或更换

续表

故障			原　因	排除方法
热泵型： 室外盘管下部积冰			1. 化霜继电器有问题 2. 压缩机阀有问题 3. 缺少制冷剂 4. 化霜控制器未调好 5. 化霜感应元件接触不良 6. 换向阀有问题 7. 室外膨胀阀过热，调定值不当	1. 更换化霜继电器 2. 更换阀和阀板或压缩机 3. 修理泄漏，并补充制冷剂 4. 调整化霜控制器 5. 改变接触状况 6. 更换换向阀 7. 调整过热度
保护装置	排气压力过高	风冷	1. 冷凝器通风不良 2. 冷凝器排管堵塞	1. 检查通风情况 2. 观察温度分布情况
		水冷	1. 冷凝器结垢 2. 水温太高，水量不够 3. 制冷系统中混入空气 4. 吸气压力高	1. 清洗 2. 检查冷却塔、过滤网、阀门 3. 排空气 4. 分析吸气压力高原因
	排气压力低		1. 压缩机吸排气阀故障 2. 制冷剂不足或泄漏 3. 室外气温过低，制冷剂过冷	1. 更换阀片或压缩机 2. 检漏，补足制冷剂 3. 检查室外温度
	吸气压力高		1. 吸气过热 2. 制冷剂充注过多 3. 压缩机吸排气阀故障	1. 避免吸气过热 2. 放出一些制冷剂 3. 更换阀片或压缩机
	吸气压力低		1. 通过蒸发器的空气量小 2. 空气过滤器堵塞，气流减小 3. 制冷剂不足或有泄漏 4. 膨胀阀堵塞	1. 检查蒸发器有无结霜 2. 检查空气过滤器 3. 检漏 4. 检查膨胀阀
	压力继电器动作		1. 高压过高 2. 低压过低 3. 压力给定不当或触点不良	1. 用复合压力表测压力 2. 用复合压力表测压力 3. 检查压力继电器
	过热过载保护器动作		1. 超载（制冷剂多） 2. 压缩机卡住 3. 压缩机开停频繁 4. 电源相间不平衡 5. 保护器接线松动	1. 检查高低压力 2. 检查运转电流和气缸内部 3. 检查温控调整是否合适 4. 检查电源及线路 5. 检查接线端
	风机、电机热继电器动作		1. 相间不平衡 2. 风机、电机故障 3. 轴承损坏，接地松动	1. 检查电源 2. 检查电机有无短路 3. 检查轴承，检查接地
	保险丝熔断		1. 保险丝规格不符 2. 接线松动 3. 缺相 4. 电动机短路	1. 检查保险丝规格 2. 紧固接线 3. 检查电源 4. 检查电动机绕组阻值

表 9-13　冷水机组常见故障与排除方法

故障	可能原因	检测及排除方法
排气压力过高	系统中有空气或其他不冷凝气体	从冷凝器排除气体
	水冷： 1. 冷凝器入水温度太高或水流量不够 2. 冷凝器管簇内沉淀了氧钙等，水垢杂质过多	1. 调整水管阀门；检查冷却塔工作是否良好；检查水管中的过滤网 2. 清洗冷凝器管簇
	风冷： 1. 冷凝器翅片管脏或有杂物封堵 2. 室外环境温度过高或冷凝风机停转	1. 清洗冷凝器 2. 检修冷凝风机，恢复运转
	水泵故障	检查冷却水水泵
	制冷剂充注过量，冷凝器管壳中充满液体	放掉部分制冷剂
	冷凝器进气阀没有完全打开	打开阀门
	吸气压力过高	见"吸气压力过高"
排气压力过低	通过冷凝器的水流量太大，或水温太低	调整水流量；检查水管阀门；检查冷却塔工作情况
	液态制冷剂从蒸发器流入压缩机使冷冻油产生泡沫	检查和调整膨胀阀，确保膨胀阀感温包与吸气管紧密接触，并与外界完全隔热
	冷凝器进气阀门泄漏	如有必要，调整或更换冷凝器进气阀门
	压缩机排气阀损坏	修复或更换排气阀
	吸气压力过低	见"吸气压力过低"
	制冷剂充注不够，制冷剂气体进入液体管路	充氟
吸气压力过高	排气压力过高	见"排气压力过高"
	制冷剂充注太多	放掉部分制冷剂
	液体制冷剂从蒸发器流入压缩机	检查和调整膨胀阀，确保膨胀阀感温包与吸气管紧密接触并与外界完全隔热
	冷凝器进气阀泄漏	检查冷凝器进气阀
	蒸发器进出管路隔热不好	检查管路隔热
吸气压力过低	冷凝器出液阀没有完全打开	打开阀门
	蒸发器进液管或压缩机吸气不畅通	检查过滤网
	膨胀阀调节不当或故障	调节到合适的过热温度；检查膨胀阀感温包是否漏氟
	系统制冷剂不足	检查是否漏氟
	润滑油过量	检查油量
	冷冻水进水温度明显低于规定温度值	检查安装情况
	冷冻水流量不够	检查蒸发器进出水管路压力是否太低
	排气压力过低	调节冷却水截流阀
压缩机因高压保护停机	水冷：冷却水不足	调节冷却水截流阀
	冷凝器阻塞，进水截流阀关闭	检查冷凝器管簇和冷却水截流阀
	风冷：环境温度过高，冷凝风量不足，冷风机故障	检修冷凝风机
	高压停机设定值不正确	检查高压开关或高低压开关
	充氟过量	检查充氟量

续表

故障	可能原因	检测及排除方法
压缩机因电机过载而停机	电压过低或过高	检查电压不得超出额定电压的 ±5%，相位差不得超出 ±3%
	排气压力过低或过高	检查排气压力并查找原因
	回水温度过高	检查回水温度并查找原因
	过载元件故障	检查压缩机电流，和手册上额定的满负荷电流进行比较
	机房环境温度过高	加强通风
	电机或接线端子短接	检查电机和端子的对地电阻
压缩机内温度控制动作，压缩机停机	电压过低或过高	检查电压，不得超出上述规定范围
	排气压力过高	检查排气压力并查找原因
	冷冻水进水温度过高	检查冷冻水进水温度并查找原因
	压缩机内温度控制器故障	停机 10 分钟后，检测压缩机温度控制器触点
	系统制冷剂不足	检查是否漏氟
	冷凝器进气阀关闭	打开阀门
压缩机因低压保护停机	供液管滤网堵塞	检查后修理或更换滤网
	膨胀阀故障	调整或更换膨胀阀
	制冷剂不足	充注制冷剂
	供液阀门未完全打开	打开阀门
压缩机噪声大	液态制冷剂由蒸发器进入压缩机而产生液击	调整供液量，直到压缩机中的制冷剂清除 检查膨胀阀和过热温度
压缩机不能启动	过流继电器跳开，保险烧坏	将控制电路切换到手动，维修后重新启动压缩机
	控制电路没有接通	检查控制系统
	无电流	检查供电
	压力太低，不能导通压力开关	检查是否制冷剂过少而引起吸气压力过低
	接触器线圈烧坏	更换
	电源相序连接错误（螺杆式）	重新连接，调换其中两条接线
	水系统故障继电器跳	增加冷冻水流量
卸载装置不起作用	温度控制器故障	调整温度控制器刻度 更换温度控制器
	电磁阀故障	检查电磁阀线圈 检查线路是否阻塞
	卸载装置机械磨损	检查压缩机卸载系统部件
油温过高	电机绕组烧坏	检查绕组绝缘及阻值
	吸气阀片损坏	更换阀片
	活塞损坏	更换活塞
油压低	油过滤器脏堵	清洗油过滤器

续表

故障	可能原因	检测及排除方法
热泵型：室外盘管下部积冰	化霜继电器有问题	更换化霜继电器
	压缩机阀有问题	更换阀和阀板或压缩机
	缺少制冷剂	修理泄漏，并补充制冷剂
	化霜控制器未调好	调整化霜控制器
	化霜感应元件接触不良	改变接触状况
	换向阀有问题	更换换向阀
	室外膨胀阀过热调定值不当	调整过热度

参考文献

[1]徐政. 柔性直流输电系统 [M]. 北京：机械工业出版社，2012.

[2]严有祥，方晓临，张伟刚，等. 厦门 ±320kV 柔性直流电缆输电工程电缆选型和敷设 [J]. 高电压技术，2015，41（4）：1147-1153.

[3]陈晓捷，刘洪泉. 柔性直流输电工程控制保护系统特点分析 [J]. 电力与电工，2013，33（3）：45-47.

[4]胡文旺，唐志军，林国栋，等. 柔性直流控制保护系统方案及其工程应用 [J]. 电力系统自动化，2016，40（21）：27-33，46.

[5]胡文旺，唐志军，林国栋，等. 柔性直流输电工程系统调试技术应用、分析与改进 [J]. 电力自动化设备，2017，37（10）：197-203，210.

[6]国网福建省电力有限公司电力科学研究院组编. 柔性直流输电系统调试技术 [M]. 北京：中国电力出版社，2017.

[7]IEC 60296. 变压器和开关用新绝缘油规范 [S].

[8]GB/T 19212.1. 电力变压器、电源装置和类似产品的安全 [S].

[9]GB/T 2900.49. 电工术语电力系统保护 [S].

[10]GB/T 7267. 电力系统二次回路控制、保护屏及柜基本尺寸系列 [S].

[11]GB 311.1. 高压输变电设备的绝缘配合 [S].

[12]GB 1094-2003. 电力变压器 [S].

[13]GB/T 15164. 油浸式电力变压器负载导则 [S].

[14]GB/T 13499. 电力变压器应用导则 [S].

[15]GB/T 5273. 变压器、高压电器和套管的接线端 [S].

[16] GB/T 7252. 变压器油中溶解气体分析和判断导则 [S].

[17] GB/T 16274. 500kV 油浸式电力变压器技术参数和要求 [S].

[18] GB 10230. 有载分接开关 [S].

[19] GB 2536. 变压器油 [S].

[20] GB/T 7595. 运行中变压器油质量标准 [S].

[21] GB 50150. 电气装置安装工程电气设备交接试验标准 [S].

[22] DL/T 572. 电力变压器运行规程 [S].

[23] DL/T 573. 电力变压器检修导则 [S].

[24] DL/T 574. 有载分接开关运行维修导则 [S].

[25] DL/T 596. 电力设备预防性试验规程 [S].

[26] GB 311.1-1997. 高压输变电设备的绝缘配合 [S].

[27] GB/T 10496-2005. 交流三相组合式无间隙金属氧化物避雷器 [S].

[28] GB 11032-2000. 交流无间隙金属氧化物避雷器 [S].

[29] GB/T 775.3-1987. 绝缘子试验方法：第3部分 [S].

[30] GB/T 2900.12-1989. 电工名词术语：避雷器 [S].

[31] GB/T 2900.19-1994. 电工术语：高电压试验技术和绝缘配合 [S].

[32] JB/T 5894-1991. 交流无间隙金属氧化物避雷器使用导则 [S].

[33] ANSI/IEEE C37.90.1-1989. 保护继电器和继电系统的耐电涌性能测试 [S].

[34] GB 50050-2007. 工业循环冷却水处理设计规范 [S].